"十四五"职业教育国家规划教材

建筑信息模型（BIM）技术应用系列新形态教材

BIM技术基础
——Revit 实训指导

（第二版）

王冉然　彭雯博　主编

U0252665

清华大学出版社
北京

内 容 简 介

本书是学习 Revit 2018 中文版建模软件的实训指导书，以项目驱动实例教学为基础，配有实训操作练习，深入浅出地介绍使用该软件进行建模设计的方法和技巧，具有较强的实用性。

全书分为三个模块，每个模块又细分为多个实训任务，主要内容有 Autodesk Revit 基础知识，包括 Autodesk Revit 2018 的安装与启动、工作界面介绍与基本工具应用；Revit 常规信息模型创建，包括标高和轴网，墙体，门窗，楼板，屋顶和洞口，楼梯、扶手和坡道，房间和面积，场地，明细表，渲染与出图；Revit 概念体量模型创建，包括族、基本体量、曲面体量、体量表皮有理化。

本书可供应用型本科和高职高专院校的建筑设计、室内设计等专业学生的实训课程使用，也可供相关的工程技术人员参考。

图书在版编目（CIP）数据

BIM 技术基础：Revit 实训指导 / 王冉然，彭雯博主编 . 2 版 .—北京：清华大学出版社，2023.3
（2024.8 重印）
建筑信息模型（BIM）技术应用系列新形态教材
ISBN 978-7-302-62993-1

Ⅰ．① B…　Ⅱ．①王…　②彭…　Ⅲ．①建筑设计–计算机辅助设计–应用软件–高等学校–教材　Ⅳ．① TU201.4

中国国家版本馆 CIP 数据核字（2023）第 037436 号

责任编辑：杜　晓
封面设计：曹　来
责任校对：刘　静
责任印制：沈　露

出版发行：清华大学出版社
　　　　网　　址：https://www.tup.com.cn, https://www.wqxuetang.com
　　　　地　　址：北京清华大学学研大厦 A 座　　　　　邮　编：100084
　　　　社 总 机：010-83470000　　　　　　　　　　邮　购：010-62786544
　　　　投稿与读者服务：010-62776969，c-service@tup.tsinghua.edu.cn
　　　　质量反馈：010-62772015，zhiliang@tup.tsinghua.edu.cn
　　　　课件下载：https://www.tup.com.cn,010-83470410
印 装 者：三河市龙大印装有限公司
经　　销：全国新华书店
开　　本：185mm×260mm　　　　　印　张：18　　　　　字　数：388 千字
版　　次：2019 年 6 月第 1 版　2023 年 3 月第 2 版　　印　次：2024 年 8 月第 3 次印刷
定　　价：59.00 元

产品编号：101431-01

丛书编写指导委员会名单

序

BIM（Building Information Modeling，建筑信息模型）源于欧美国家，21 世纪初进入中国。它通过参数模型整合项目的各种相关信息，在项目策划、设计、施工、运行和维护的全生命周期过程中进行共享和传递，为各方建设主体提供协同工作的基础，在提高生产效率、节约成本和缩短工期方面发挥着重要的作用，在设计、施工、运维方面改变了传统模式和方法。目前，我国已成为全球 BIM 技术发展最快的国家之一。

建筑业信息化是建筑业发展战略的重要组成部分，也是建筑业转变发展方式、提质增效、节能减排的必然要求。为了增强建筑业信息化的发展能力，优化建筑信息化的发展环境，加快推动信息技术与建筑工程管理发展的深度融合，2016 年 9 月，住房和城乡建设部发布了《2016—2020 年建筑业信息化发展纲要》，提出："建筑企业应积极探索'互联网 +'形势下管理、生产的新模式，深入研究 BIM、物联网等技术的创新应用，创新商业模式，增强核心竞争力，实现跨越式发展。"可见，BIM 技术被上升到国家发展战略层面，必将带来建筑行业广泛而深刻的变革。BIM 技术对建筑全生命周期的运营管理是实现建筑业跨越式发展的必然趋势，同时，也是实现项目精细化管理、企业集约化经营的最有效途径。

然而，人才缺乏已经成为制约 BIM 技术进一步推广应用的瓶颈，培养大批掌握 BIM技术的高素质技术技能人才成为工程管理类专业的使命和机遇，这对工程管理类专业教学改革特别是教学内容改革提出了迫切要求。

教材是体现教学内容和教学要求的载体，在人才培养中起着重要的基础性作用，优秀的教材更是提高教学质量、培养优秀人才的重要保证。为了满足工程管理类专业教学改革和人才培养的需求，清华大学出版社借助清华大学一流的学科优势，聚集全国优秀师资，启动基于 BIM 技术应用的专业信息化教材建设工作。该系列教材具有以下特点。

（1）规范性。本系列教材以专业目录和专业教学标准为依据，同时参照各院校的教学实践。

（2）科学性。教材建设遵循职业教育的教学规律，开发理实一体化教材，内容选取、结构安排体现职业性和实践性特色。

（3）灵活性。鉴于我国地域辽阔，自然条件和经济发展水平差异很大，本系列教材编写了不同课程体系的教材，以满足各院校的个性化需求。

（4）先进性。教材建设体现新规范、新技术、新方法，以及最新法律、法规及行业相关规定，不仅突出了 BIM 技术的应用，而且反映了装配式建筑、PPP、营改增等内容。同时，配套开发数字资源（包括但不限于课件、视频、图片、习题库等），80% 的图书配套有富媒体素材，通过二维码的形式链接到出版社平台，供学生扫描学习。

教材建设是一项浩大而复杂的千秋工程，为培养建筑行业转型升级所需的合格人才贡献力量是我们的夙愿。BIM 技术在我国的应用尚处于起步阶段，在教材建设中有许多课题需要探索，本系列教材难免存在不足，恳请专家和读者批评、指正，希望更多的同人与我们共同努力！

丛书主任　胡兴福

第二版前言

随着信息化时代的来临，BIM（Building Information Modeling，建筑信息模型）技术作为一种创新的工具和平台，有效服务于建设项目中的设计、施工、运营维护等生命周期中的各个阶段，为参与项目各方提供了协同工作、交流顺畅的平台，对避免失误、提高工程质量、节约成本、缩短工期等具有巨大的作用。

2015年，住房和城乡建设部发布《关于推进建筑信息模型应用的指导意见》，充分肯定了 BIM 技术在建筑领域应用的重要意义，明确提出推进 BIM 应用的发展目标。2016年，中共中央、国务院发布的《关于深化投融资体制改革的意见》明确在社会事业、基础设施等领域中推广应用 BIM 技术。2017年，国务院办公厅出台《关于促进建筑业持续健康发展的意见》，强调加快推进 BIM 技术在规划、勘察、设计、施工和运营维护全过程的集成应用，实现工程建设项目全生命周期数据共享和信息化管理。2021年，中共中央办公厅、国务院办公厅印发《关于推动城乡建设绿色发展的意见》，要求推动建筑信息模型深化应用，推动工程建设项目智能化管理，促进城市建设及运营模式变革。2022年，党的二十大报告明确提出加快发展数字经济，促进数字经济和实体经济深度融合。同时，全国各省（区、市）围绕加快推进 BIM 技术应用，相继出台一系列支持政策。这将进一步推进建筑行业数字化转型，实现高质量绿色发展。

Revit 作为主流 BIM 软件之一，一直以操作简便、上手容易、功能强大等著称，在国内民用建筑领域有着良好的口碑。为了更好地在高校推广 Revit，我们编写了本书。

本书内容对接专业基础相通、技术领域相近、职业岗位相关的建筑设计类专业群体的职业岗位能力的需求，并结合建筑设计、室内设计、园林景观等专业在建筑设计项目的阶段，设计"融专业于软件操作"的理实一体化的实训任务。本书以实际工程项目为载体，以标高和轴网、墙体、门窗、楼板、屋顶和洞口、楼梯、扶手和坡道、场地、族、体量建模等为主线打造模块化信息模型创建任务指导书。

全书共分为三个模块，从简到难，由浅入深，循序渐进，每个模块又细分为多个实训任务。每个任务都是 Revit 实际应用中会遇到的具体问题，书中给出了相应解决方案和技巧总结。通过理解本书中的实例，读者能够熟练掌握 Revit 技术要点，继而提高 BIM 设计中所遇问题的处理能力。

本书由王冉然担任第一主编，彭雯博担任第二主编，肖文青、廖雅静、刘娜参编。模块 1 由王冉然、廖雅静编写；模块 2 的实训任务 2.1~ 实训任务 2.3、实训任务 2.9 由王冉然编写，实训任务 2.4、实训任务2.6~ 实训任务 2.8 由彭雯博编写，实训任务 2.5 由彭雯博编写，实训任务 2.10 由彭雯博、刘娜编写；模块 3 的实训任务 3.1、实训任务 3.2、实训任务 3.4 由王冉然编写，实训任务 3.3 由王冉然、肖文青编写；所有实训任务中的思政目的由王冉然编写。在本书的写作过程中，得到了湖南城建职业技术学院刘岚同志的大力支持，在此表示感谢！同时，本书编写中还参考了多位同行的著作和文献，在此一并表示衷心的感谢！

由于编者水平有限，书中难免存在不足之处，敬请读者批评、指正。

编　者

2023 年 1 月

目　　录

模块 *1* Autodesk Revit 基础知识

实训任务 1.1　Autodesk Revit 2018 的安装与启动

1.1.1　任务目的

知识要求：安装软件是学习 Autodesk Revit 2018 的第一步，是 Autodesk Revit 最基本的知识，只有成功安装 Autodesk Revit 2018 之后，我们才能进一步学习和运用它。通过此次任务的学习，希望学生能够掌握安装 Autodesk Revit 2018 的方法和技巧，为后续的学习打好基础。

思政目的：通过学习 Autodesk Revit 2018 的安装与启动，引导学生认知千里之行始于足下，空谈误国、实干兴邦，只有努力迈出第一步，打下坚实基础，才能一步一步走向成功，帮助学生进一步树立正确的人生观、价值观。

1.1.2　任务要求

（1）完成 Revit 2018 的安装。

（2）完成 Revit 2018 的启动与关闭。

1.1.3　任务操作方法与步骤

1. Revit 2018 的安装

（1）如图 1.1.1 所示，双击打开 Revit 2018 安装包，查看安装文件，找到"Revit_2018_G1_Win_64bit_dlm_001_003.sfx.exe"自解压文件，双击运行此文件，选择解压目录，默认是在 C 盘的 Autodesk 文件夹。

（2）如图 1.1.2 所示，解压完毕之后，软件将自动弹出安装界面，确定"安装说明"选择的是"中文（简体）[Chinese（Simplified）]"之后，单击"安装"按钮进行程序安装。

（3）如图 1.1.3 所示，在弹出的"许可及服务协议"窗口中，确定"国家或地区"选择的是"China"，选择"我接受"，单击"下一步"按钮。

（4）如图 1.1.4 所示，选择"配置安装"和"安装路径"，可以单击"浏览"按钮选择合适的路径位置。需要注意的是，"安装路径"中不能带有中文字符，否则将可能导致安装失败。完成以上操作之后，单击"安装"按钮进入下一步。

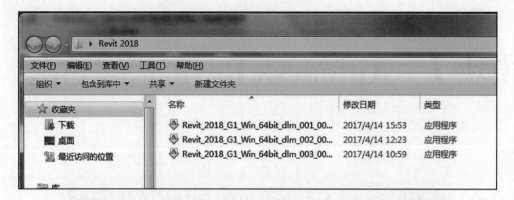

图　1.1.1

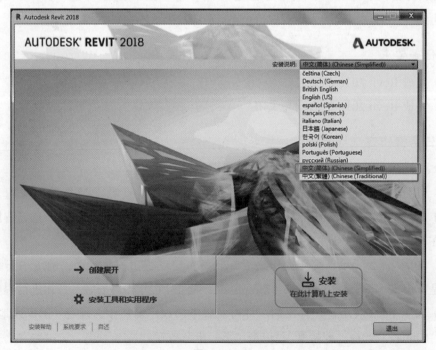

图　1.1.2

图　1.1.2（续）

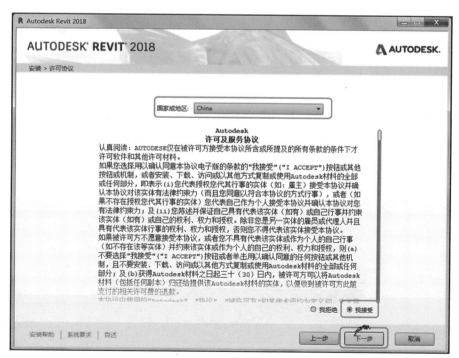

图　1.1.3

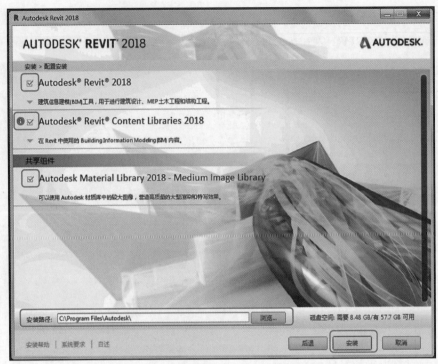

图 1.1.4

（5）如图 1.1.5 所示，软件将会自动检测并安装相关功能，安装软件需要一段时间，请用户耐心等待安装完成。

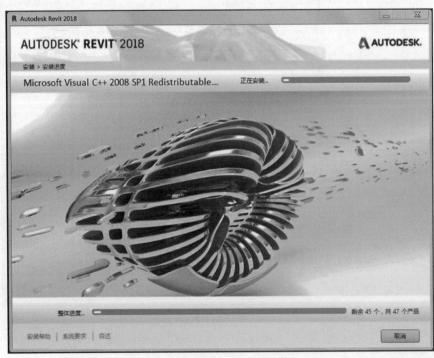

图 1.1.5

2. Revit 2018 的激活

（1）软件安装完成之后，如图 1.1.6 所示，单击"立即启动"按钮，并断开网络连接。在弹出的界面中选择"输入序列号"方式打开，进入激活许可界面，单击"我同意"按钮。

图　1.1.6

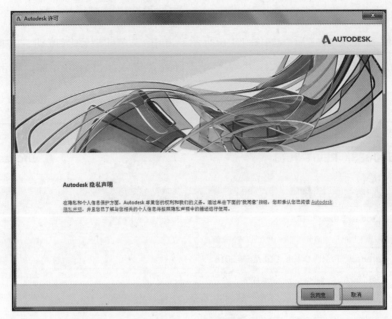

图   1.1.6（续）

（2）如图 1.1.7 所示，在弹出的界面中单击"激活"按钮。并在填写激活选项时输入"序列号"，例如"066-06666666"；输入"产品密钥"，例如"829J1"。单击"下一步"按钮之后，进入激活界面。

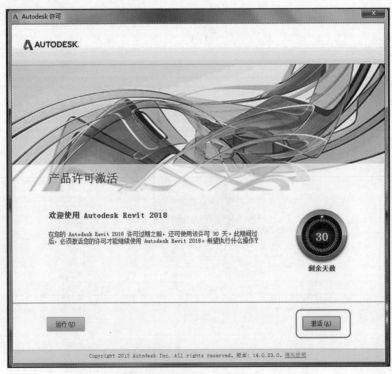

图   1.1.7

图   1.1.7（续）

（3）如图 1.1.8 所示，根据"申请号"到 Autodesk 官方获得激活码，并将激活码粘贴到下方的空框内，单击"下一步"按钮之后，进入激活完成界面。单击"完成"按钮，完成注册。

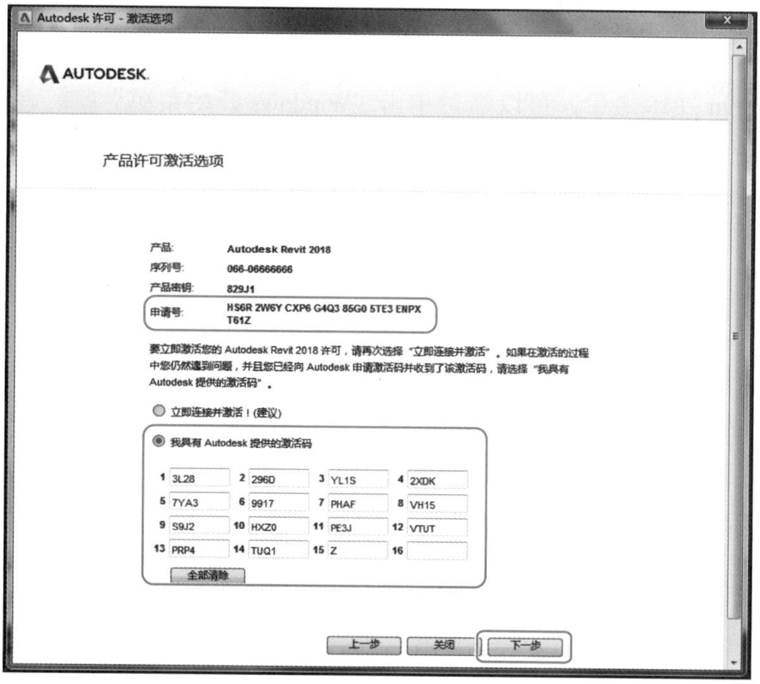

图   1.1.8

图 1.1.8（续）

3. Revit 2018 的启动与关闭

1）启动 Revit 2018

安装好 Revit 2018 之后，可以通过单击"Windows 开始菜单"，单击最下面的"所有程序"，在 Autodesk 文件夹下拉列表中，找到 Revit 2018 文件夹，在文件夹中单击 Revit 2018，即可启动 Revit 2018，如图 1.1.9 所示。或者通过双击桌面快捷方式 R 来启动程序。

> **注意**
>
> 在通过上述第一种方法启动 Revit 2018 时，注意不要错误选择 Revit Viewer 2018，该项为进入查看器模式。Revit Viewer 模式允许使用 Revit 的所有功能，但是以下各项操作除外：所有情况下的保存或者另存为；导出或者发布修改后的项目；将任何项目导出或者发布到包含可被修改的模型数据的格式；执行修改后的打印项目。

图　1.1.9

2）关闭 Revit 2018

如图 1.1.10 所示，可以通过单击软件左上角"文件"选项卡下拉列表中的"退出 Revit"按钮，关闭 Revit 2018。要注意的是，在关闭软件之前应记得保存文件。也可以通过单击"文件"选项卡下拉列表中的"关闭"按钮，关闭当前打开的 Revit 文件，这种关闭形式只关闭文件，并不会关闭软件。

1.1.4　任务评价

本任务强调课程考核与评价的整体性，采用过程性考核与结果性考核相结合的方式，按照学生自评、学生互评和教师评阅相结合的原则，从出勤率、训练表现、训练内容质量及成果、问题答辩四方面进行综合考核。最终任务成果的评分标准如表 1.1.1 所示。

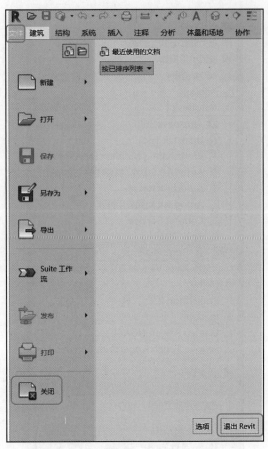

图 1.1.10

表 1.1.1 评分标准

班级＿＿＿＿＿＿＿＿＿＿＿＿＿＿＿＿＿＿＿＿＿任课教师＿＿＿＿＿＿＿＿＿＿＿＿＿＿日期＿＿＿＿＿＿＿＿＿

序号	学生姓名	考核方式	评价内涵及能力要求				评分	权重	成绩
			出勤率	训练表现	训练内容质量及成果	问题答辩			
			只扣分不加分	20 分	60 分	20 分			
			1. 迟到一次扣 2 分，旷课一次扣 5 分 2. 缺课 1/3 学时以上，该专项能力不记分	1. 学习态度端正（10 分） 2. 积极思考问题、动手能力强（10 分）	1. 正确使用软件完成任务书要求（30 分） 2. 模型成果符合制图标准（30 分）	1. 解决实际存在的问题（10 分） 2. 结合实践、灵活运用（10 分）			
		学生自评						30%	
		学生互评						30%	
		教师评阅						40%	

实训任务 1.2　工作界面介绍与基本工具应用

1.2.1　任务目的

知识要求：Revit 2018 的界面与以往版本的 Revit 软件的界面相比变化比较大，能够更好地简化软件操作流程，快速完成设计。为了更好地学习和操作软件，我们需要熟悉软件界面及工具的具体使用方法，从而更好地支持设计工作。

思政目的：通过熟悉 Autodesk Revit 2018 工作界面与基本工具的应用，掌握 Autodesk Revit 从最初到现在各个版本之间的功能进化与完善，引导学生认知学无止境，要敢于面对新矛盾、新挑战，保持终身学习的能力，不断充实自己，丰富自己的知识，才能让自己更好地适应社会，立于不败之地。

1.2.2　任务要求

熟悉 Revit 2018 的界面及工具使用。

1.2.3　任务操作方法与步骤

1. Revit 2018 的界面

1）启动界面

如图 1.2.1 所示，打开 Revit 2018 之后，进入启动界面，在界面最左边的区域，用户可以管理 Revit 的"项目"和"族"，这里的管理包括以合适的样板文件为基础打开、新建项目或者族。

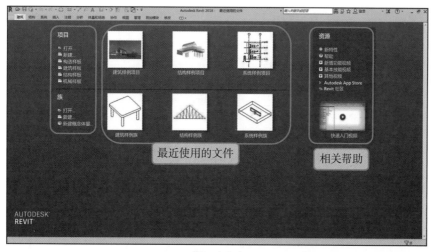

图　1.2.1

用户也可以在"最近使用的文件"界面中，通过单击相应的快捷图标打开项目或者族文件。用户还可以通过查看在线帮助、社区更新等方式快速掌握 Revit 的使用方法。

2）一般工作界面

如图 1.2.2 所示，Revit 2018 的工作界面分成了若干个区域，各个区域相互协作，构建了完整的工作界面。Revit 2018 同以往的版本一样，只需单击"上下文功能选项卡"后面的三角形按钮，便可以修改界面，选择适合自己的工作界面模式；在"绘图和显示区域"，可以选择叠层放置视图或者同时显示若干个视图。

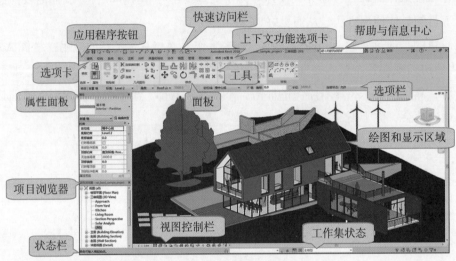

图　1.2.2

2. 应用程序菜单

如图 1.2.3 所示，Revit 2018 的应用程序菜单同以往的版本不一样的地方是通过单击"文件"按钮打开。应用程序菜单的主要功能是提供"新建""打开""保存""另存为"

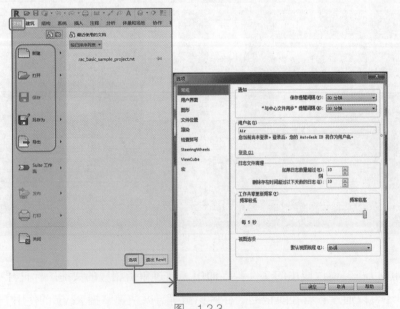

图　1.2.3

和"导出"等基础的常用操作。同时，可以通过应用程序菜单中的"选项"按钮，调整 Revit 2018 的"常规""用户界面""图形"和"文件位置"等选项。

3. 快速访问工具栏

快速访问工具栏在 Revit 2018 中是十分常用的一种面板，位置在工作界面的最顶部，主要由三部分组成，如图 1.2.4 所示。

第一部分是基本工具：依次为打开、保存、与中心文件同步、放弃、重做和打印。

第二部分是常用选项：包括标注选项、视图选项和窗口选项。

第三部分是自定义快速访问工具栏：单击工具栏尾部的向下三角形 ▾ 按钮，将会出现"自定义快速访问工具栏"对话框，可以对快速访问工具栏中的工具选项进行向上、向下、添加分隔符和删除等操作。

快速访问工具栏中第二部分的常用选项是可以根据需要来设置的。在功能区中选择合适的功能按钮右击，会出现"添加到快速访问工具栏"对话框，单击对话框则可将此功能添加到快速访问工具栏的常用选项中。所以根据个人使用习惯，合理设置快速访问工具栏，可以大幅提高工作效率。

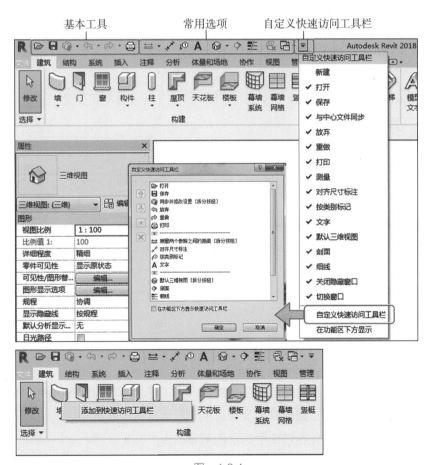

图　1.2.4

4. 功能区选项卡

如图 1.2.5 所示，新建或者打开某个项目文件的时候，Revit 2018 会在功能区显示创建项目文件或者创建族文件所需要的各种工具。例如，"建筑""结构""系统"选项卡中含有创建建筑模型所需的工具；"插入"选项卡的功能主要是用于添加和管理次级项目；"注释"选项卡的功能主要是用于将二维信息添加到设计中；"体量和场地"选项卡的功能主要是用于建模和修改概念体量族和场地图元等。

图　1.2.5

单击功能区尾部的向下三角形按钮，可以在出现的对话框中，根据个人的使用习惯，选择合适的功能区显示方式。

5. 上下文选项卡

激活某个命令或者选择某个图元时，Revit 2018 会自动添加并切换到针对这个命令的选项卡，即"上下文选项卡"。此选项卡是针对当前激活的命令而出现的，会包含一组只与该命令或者图元相关的工具，用来完成后续命令操作。

如图 1.2.6 所示，单击"楼板"按钮时，Revit 2018 将会自动切换至"修改｜创建楼层边界"上下文选项卡。

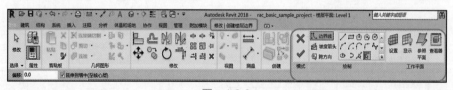

图　1.2.6

6. 状态栏

如图 1.2.7 所示，激活某个命令或者选择某个图元时，状态栏会在 Revit 2018 界面的底部显示，主要包括以下几个部分。

（1）左侧信息部分：主要给用户提供一些操作提示、技巧，或者显示选择图元的类型、名称。

（2）工作集部分：用于提供对工作共享项目的"工作集"对话框的快速访问。

（3）设计选项部分：用于提供对"设计选项"对话框的快速访问。

（4）过滤部分：用于优化在视图中选定的图元类别。

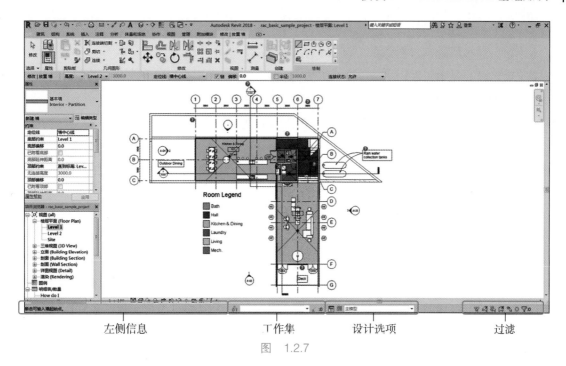

图　1.2.7

7. 视图控制栏

如图 1.2.8 所示，视图控制栏位于 Revit 2018 绘图和显示区域底部，通过它可以快速访问影响当前视图的功能。

图　1.2.8

视图控制栏从左至右包括以下几个工具。

（1）比例。

（2）详细程度。

（3）视觉样式。

（4）打开 / 关闭日光路径。

（5）打开 / 关闭阴影。

（6）显示 / 隐藏渲染对话框（仅当绘图区域显示三维视图时才可用）。

（7）裁剪视图（不适用于三维透视视图）。

（8）显示 / 隐藏裁剪区域。

（9）解锁 / 锁定的三维视图。

（10）临时隐藏 / 隔离。

（11）显示隐藏的图元。

（12）工作共享显示（仅当为项目启用了工作共享时才适用）。

（13）临时视图属性。

（14）显示或隐藏分析模型（仅用于结构分析）。

（15）高亮显示置换组。

（16）显示限制条件。

（17）预览可见性（只在族编辑器中可用）。

注意

在视图样板中定义某些视图属性后，相应的控件可能会被禁用。若要更改这些视图属性，请修改视图样板属性。

8. 全导航控制盘

如图 1.2.9 所示，全导航控制盘是集成了"查看对象控制盘"和"巡视建筑控制盘"两个部分，用于访问常规和专用的三维导航工具。用户可以通过全导航控制盘查看各个图元对象，并且围绕模型进行漫游导航。

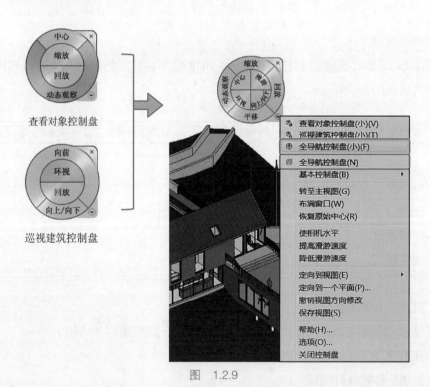

图　1.2.9

单击全导航控制盘右下角的向下三角形按钮，在下拉菜单中可以切换大小控制盘。单击其中某个按钮，按住并拖曳以执行特定的导航操作。松开鼠标左键即可恢复。

9. View Cube

如图 1.2.10 所示，View Cube 是 Revit 2018 在三维视图中方便用户调整模型视点的工具。用户可以根据需要切换上、下、左、右、前、后各个方向的视点。

其中比较特殊的是主视图，用户可以在 View Cube 上单击 🏠 图标，或者右击，在弹出的菜单中选择"转至主视图"选项，进入主视图视角，并且可以根据需要设置任意视图为主视图。

图　1.2.10

10. 鼠标右键工具栏

如图 1.2.11 所示，在绘图和显示区域右击，将会弹出常用命令快捷对话框，分别是"取消""重复""最近使用的命令""上次选择"和"查找相关视图"等 12 项命令。

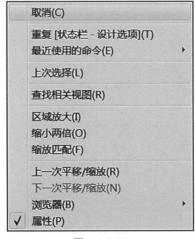

图　1.2.11

1.2.4 任务评价

本任务强调课程考核与评价的整体性，采用过程性考核与结果性考核相结合的方式，按照学生自评、学生互评和教师评阅相结合的原则，从出勤率、训练表现、训练内容质量及成果、问题答辩四方面进行综合考核。最终任务成果的评分标准如表 1.2.1 所示。

表 1.2.1　评分标准

班级_____　　　任课教师_____　　　日期_____

序号	学生姓名	考核方式	评价内涵及能力要求				评分	权重	成绩
			出勤率	训练表现	训练内容质量及成果	问题答辩			
			只扣分不加分	20分	60分	20分			
			1. 迟到一次扣2分，旷课一次扣5分 2. 缺课1/3学时以上，该专项能力不记分	1. 学习态度端正（10分） 2. 积极思考问题、动手能力强（10分）	1. 正确使用软件完成任务书要求（30分） 2. 模型成果符合制图标准（30分）	1. 解决实际存在的问题（10分） 2. 结合实践、灵活运用（10分）			
		学生自评						30%	
		学生互评						30%	
		教师评阅						40%	

模块 2 Revit 常规信息模型创建

🖱 实训任务 2.1 标高和轴网

2.1.1 任务目的

知识要求：在 Revit 2018 中，标高和轴网是建筑构件在平面视图、立面视图和剖面视图中定位的重要依据，所以绘制标高和轴网是 Autodesk Revit 绘图的开始和基础。

（1）通过此次任务的学习，学生能够熟练运用 Revit 2018，掌握创建和编辑标高的能力。

（2）通过此次任务的学习，学生能够熟练运用 Revit 2018，掌握创建和编辑轴网的能力。

思政目的：通过掌握标高和轴网的创建能力，认识到软件不能自动排除字母"I""O"和"Z"作为轴网的编号，需要手动排除，引导学生认知在职业生涯中不管从事任何工作，都必须要增强忧患意识，坚持底线思维，做到居安思危、未雨绸缪，准备经受风高浪急甚至惊涛骇浪的重大考验，方能取得更大成功。

2.1.2 任务要求

（1）根据图 2.1.1 提供的平面图和东立面图数据创建标高和轴网，显示方式参照图 2.1.1 所示。

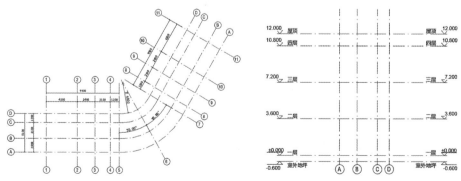

图 2.1.1

（2）以多层住宅为例，按照图 2.1.2 所示数据创建南方某多层住宅的标高和轴网，以完成建筑信息模型在高度和广度上的定位情况。

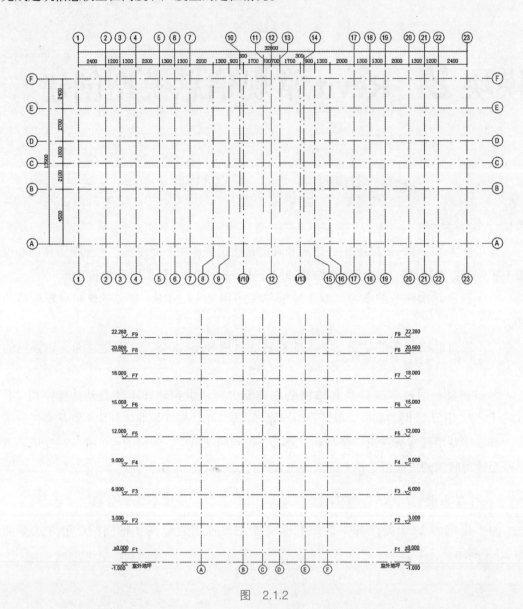

图　2.1.2

2.1.3　任务知识链接

1. 修改标高

通过"项目浏览器"，双击视图名称可以进入任意立面视图。一般样板中会有预设标高，如果需要修改现有标高的高度，可以如图 2.1.3 所示，单击标高符号上方或者下方的表示高度的数值，将"标高 2"高度的数值从"4.000"改为"3.600"，单击旁边空白处，完成操作。

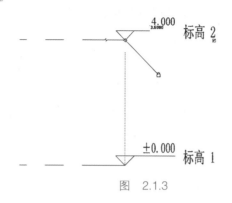

图　2.1.3

▌注意

通常设置的标高单位为"m"。

如果需要修改现有标高的名称，可以如图 2.1.4 所示，单击标高右边的名称进行修改，将名称从"标高 1"修改成"室外地坪"，单击旁边空白处，在弹出的"是否希望重命名相应视图？"对话框中单击"是"按钮，完成操作，如图 2.1.5 所示。

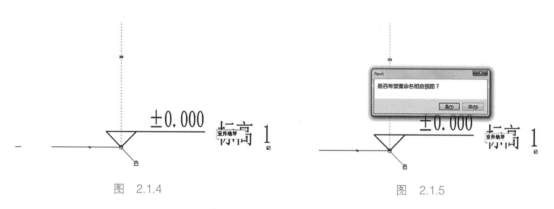

图　2.1.4　　　　　　　　　　　　　　图　2.1.5

▌注意

通常在设置标高名称时，为了方便后面标高名称的自动生成，会将数字放在字母或者中文字的后面。

2. 绘制标高

如果需要绘制新的标高，可以如图 2.1.6 和图 2.1.7 所示，单击"建筑"选项卡，选择"基准"面板中的"标高"命令，Revit 2018 将自动切换至"修改 | 放置 标高"上下文选项卡，可以看到"绘制"面板中标高的绘制方式有两种，在这里选择"直线"✎ 方式进行绘制。绘制标高之前可以如图 2.1.8 所示，设置自动生成的平面视图类型，并确定设置的"偏移"数值为"0"。

图 2.1.6

图 2.1.7

图 2.1.8

在绘制之前根据需要选择标高类型，如图 2.1.9 所示，单击"属性"面板中"类型选择器"的向下三角形按钮，可以在弹出的下拉列表中单击选择"上标头"类型。

将鼠标指针移动至 F2 标头正上方任意距离的位置处，如图 2.1.10 所示，Revit 2018 自动捕捉标头，出现蓝色虚线显示已对齐标头，并在鼠标指针与 F2 标头之间显示临时尺寸标注。上下移动鼠标指针，直至临时尺寸显示为需要的尺寸时，单击确认为将要绘制的 F3 标高起点，沿水平方向移动鼠标指针，在另一端标头处单击，确认完成 F3 标高的绘制。按 Esc 键两次退出"标高"命令。

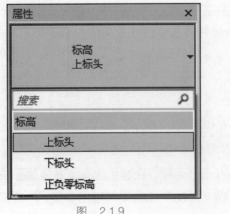

图 2.1.9

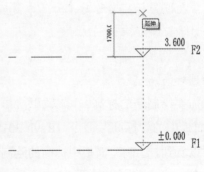

图 2.1.10

> **注意**
>
> Revit 2018 会自动根据已有标高名称最后的字母或数字命名后续标高名称。临时尺寸长度单位是"mm"。

如果需要修改标高高度，如图 2.1.11 所示，单击选择需要修改的标高 F3，F3 与 F2 之间将会出现一条蓝色的临时尺寸标注，显示 F3 与 F2 之间临时的距离，单击临时尺寸标注上的数字，修改数值，并按回车键，完成标高高度的调整。

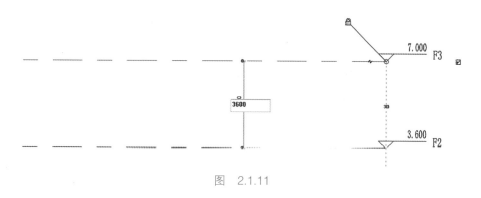

图　2.1.11

3. 复制标高

如果需要复制标高，如图 2.1.12 所示，选择需要被复制的标高 F3，Revit 2018 将自动切换至"修改 | 标高"上下文选项卡，单击"修改"面板中的"复制" 按钮，并在"选项栏"中勾选"约束"和"多个"两个复选框，进入复制标高状态。再次单击 F3，作为复制的基点，光标向上移动。此时可以直接用键盘输入新标高与被复制标高之间的间距数值，如"3600"，单位为"mm"，输入后按回车键，完成一个标高的复制过程。由于勾选了"多个"复选框，可以继续在键盘上输入下一个标高间距，无须重新选择标高并激活"复制"命令。完成后按 Esc 键退出"复制"命令。

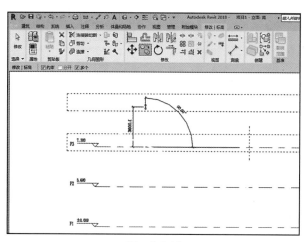

图　2.1.12

▌注意

　　"选项栏"中的"约束"选项可以保证正交，如果不勾选"约束"选项，"复制"命令将可能出现移动的操作；勾选"多个"选项，可以在完成一次复制操作之后无须重新激活"复制"命令，继续执行复制操作，实现连续复制。

　　如图 2.1.13 所示，通过查看"项目浏览器"中"楼层平面"下的视图，发现复制方式创建的标高均未生成相应的平面视图。在立面视图中，有对应楼层平面视图的标高标头是蓝色，没有生成对应楼层平面视图的标高标头是黑色。双击蓝色标头将跳转至相应平面视图，双击黑色标头则不会引起视图跳转。

　　如果需要添加相应的楼层平面视图，需单击"视图"选项卡，通过"创建"面板中的"平面视图"的下拉列表选择"楼层平面"命令，如图 2.1.14 所示。弹出"新建楼层平面"对话框，将会出现没有生成平面视图的标高楼层 F4 和 F5，选择所有标高，单击"确定"按钮，将会自动生成 F4 和 F5 的楼层平面视图，如图 2.1.15 所示。

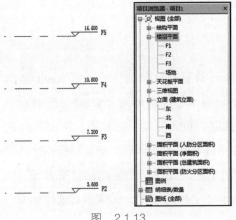

图　2.1.13

图　2.1.14

图　2.1.15

注意

通过"阵列"方式绘制的标高同样不会直接生成相应的楼层平面视图。关于"阵列"命令的具体操作可详见后面轴网部分的相关内容。

4. 编辑标高

如图 2.1.16 所示，选择任意一根标高，所有对齐此标高的端点位置会出现一条蓝色的标头对齐虚线，并显示一些控制符号、复选框和临时尺寸标注等。调整和拖曳这些符号和复选框可编辑标高。

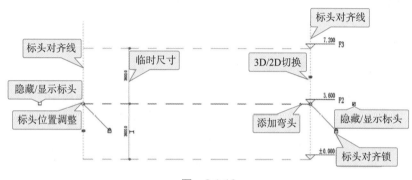

图　2.1.16

1）标高显示设置

选择标高线，单击标头外侧的方形复选框，即可隐藏/显示标头。

如果需要控制所有标高的显示，如图 2.1.17 所示，选择一根标高，选择"属性"面板中的"编辑类型"命令，弹出"类型属性"对话框，在其中修改标高的类型属性，勾选端点处的默认符号后面的方形复选框，即可隐藏或显示此类型的标高标头。

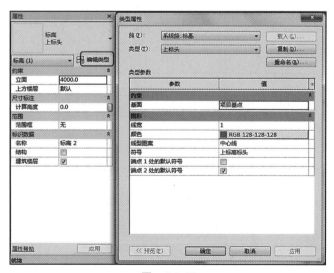

图　2.1.17

此外，还可以根据对话框内的内容修改标高的其他类型属性，包括标高的线宽、颜色、线型图案和符号。

2）标高标头位置调整

如果只想移动某一根标高线的端点，需要先打开"标头对齐锁"🔓，再拖曳相应的标高端点。

如果标高的状态为"3D"，则表示当前所有平面视图中的标高端点是同步联动的；如果单击切换为"2D"状态，此时拖曳标高端点则只影响当前视图的标高端点位置。

3）标高偏移

单击标高标头附近的折线符号 ⊷ 添加弯头。添加弯头后，可拖曳蓝色夹点 ╲ 调整弯头位置。

5. 绘制轴网

如果需要绘制轴网，可以如图 2.1.18 所示，通过"项目浏览器"，双击视图名称可以进入任意楼层平面视图，单击"建筑"选项卡，选择"基准"面板中的"轴网"命令，Revit 2018 将自动切换至"修改｜放置 轴网"上下文选项卡，可以看到"绘制"面板中轴网的绘制方式有四种，这里我们选择"直线"▱ 方式进行绘制。在绘制之前根据需要选择轴网类型，单击"属性"面板中"类型选择器"的向下三角形按钮，可以在弹出的下拉列表中单击选择"6.5mm 编号间隙"类型。

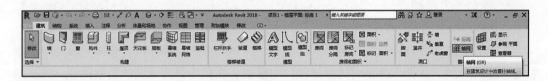

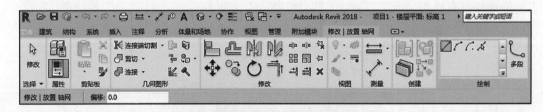

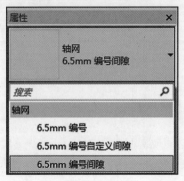

图　2.1.18

如图 2.1.19 所示，单击起点、终点的位置，绘制一根轴网。绘制的第一根纵向轴网的编号为①，自左向右绘制，后续的轴网将自动按照数字升序排列命名。绘制第一根横向轴网后，单击轴网标头，修改编号为 Ⓐ，自下向上绘制，后续的轴网将自动按照英文字母顺序排列命名。

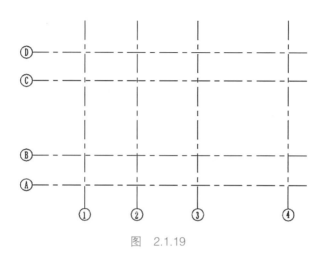

图　2.1.19

注意

软件不能自动排除字母 Ⓘ、Ⓞ 和 Ⓩ 作为轴网的编号，需要手动排除。

除了"直线"的绘制方式外，用户还可以将 CAD 图纸导入 Revit 2018 中，通过"拾取线" ⎇ 方式来绘制轴网。

如图 2.1.20 所示，单击打开需要导入的 CAD 图纸所对应的平面视图，在"插入"选项卡的"导入"面板中选择"导入 CAD"命令。

图　2.1.20

如图 2.1.21 所示，将会弹出"导入 CAD 格式"对话框，选择需要的"*.dwg"格式文件，设置"颜色""图层 / 标高""导入单位""定位"和"放置于"等选项，然后单击"打开"按钮，被选择的 CAD 文件就导入 Revit 2018 中了。利用"拾取线"命令，单击 CAD 文件的轴网可以逐个进行拾取，完成绘制。

图　2.1.21

6. 阵列轴网

如果需要阵列轴网，选择需要被阵列复制的轴线 1，将自动切换至"修改｜轴网"上下文选项卡，单击"修改"面板中的"阵列" 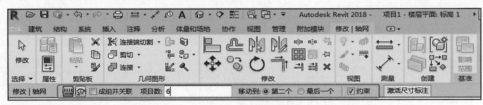 按钮，进入阵列修改状态，如图 2.1.22 所示。在"选项栏"中选择阵列方式为"线性"，取消勾选"成组并关联"选项，设置"项目数"为需要的数值"6"，设置"移动到"为"第二个"，勾选"约束"选项。

图　2.1.22

如图 2.1.23 所示，再次单击轴线 1，作为阵列的基点，并向右移动，直至与基点之间出现临时尺寸标注，此时可以通过键盘直接输入阵列间距数值，如"4200"，单位为"mm"。输入后按回车键确认，Revit 2018 将向右线性阵列生成 5 根轴网。完成后按 Esc 键退出"阵列"命令。

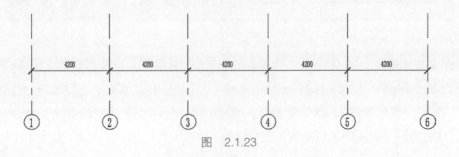

图　2.1.23

轴网绘制完毕后，可以选择所有轴网，Revit 2018 将自动激活"修改 | 轴网"上下文选项卡，通过"修改"面板中的"锁定"命令，锁定所有的轴网。避免后续的操作移动轴网，造成偏差。

┃注意

　　一般在轴网间距相同的情况下才会使用"阵列"的方式绘制轴网。通常情况下会通过"复制"的方式绘制轴网。关于"复制"命令的具体操作可详见前面标高部分的相关内容。

---

7. 编辑轴网

选择任意一根轴线，所有对齐此轴线的端点位置会出现一条蓝色的轴号对齐虚线，并显示一些控制符号、复选框和临时尺寸标注等，如图 2.1.24 所示。调整和拖曳这些符号和复选框可编辑轴网。

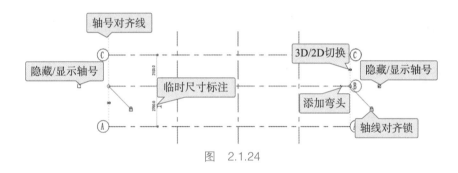

图　2.1.24

1）轴号显示设置

选择轴网，单击轴号外侧的方形复选框，即可隐藏 / 显示轴号。

如果需要控制所有轴线的显示，如图 2.1.25 所示，选择一根轴线，选择"属性"面板中的"编辑类型"命令，弹出"类型属性"对话框，在其中修改轴线的类型属性，勾选端点默认符号后面的方形复选框，即可隐藏 / 显示此类型的轴线标头。

除了可以控制"平面视图轴号端点"的显示，在"非平面视图符号（默认）"中还可以设置轴号在立面、剖面等视图中的显示方式。

此外，还可以根据对话框内的内容修改轴线的其他类型属性，包括符号、轴线中段、轴线末段宽度、轴线末段颜色和轴线末段填充图案。

2）轴网标头位置调整

如果只想移动某一根轴线的端点，需要先打开"轴线对齐锁" 🔒，再拖曳相应的轴线端点。

如果轴线的状态为"3D"，则表示当前所有平面视图中的轴线端点是同步联动的；如果单击切换为"2D"状态，此时拖曳轴线端点则只影响当前视图的轴线端点位置。

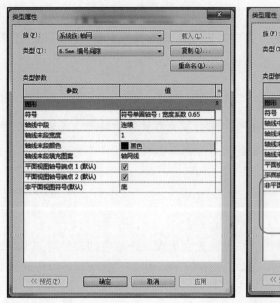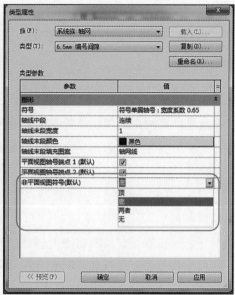

图　2.1.25

3）轴线偏移

单击轴线标头附近的折线符号 ⚡ 添加弯头，已经生产弯头后，可拖曳蓝色夹点 ＼ 调整弯头位置。

2.1.4　任务操作方法与步骤

1. 根据提供的平面图和东立面图，创建标高和轴网

1）新建项目

如图 2.1.26 所示，启动 Revit 2018 软件，单击软件界面左上角的"文件"选项卡，在弹出的下拉列表中依次单击"新建"→"项目"按钮，在弹出的"新建项目"对话框中单击"浏览"按钮，选择教学文件中"项目文件"文件夹中提供的样板文件"样板文件 2018.rte"，单击"确定"按钮，完成操作。

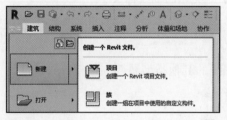

图　2.1.26

2）创建标高

通过"项目浏览器"，双击视图名称进入任意立面视图。如图 2.1.27 所示，系统默认设置了两个标高 F1 和 F2。

图　2.1.27

如图 2.1.28 所示，单击标高符号上方或者下方的表示高度的数值，将 F2 高度的数值从 "3.000" 改为 "3.600"，单位为 "m"，单击旁边空白处，完成操作。

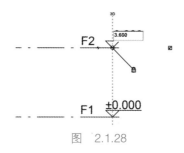

图　2.1.28

根据需要通过 "复制" 命令添加标高，如图 2.1.29 所示，选择需要被复制的标高 F2，选择 "修改" 面板中的 "复制" ⬚ 命令，勾选 "选项栏" 中 "约束" 和 "多个" 两个复选框，进入复制标高状态。再次单击标高 F2，作为复制的基点，光标向上移动，在键盘中输入新标高与被复制标高之间的间距数值 "3600"，单位为 "mm"，输入后按回车键确认。重复上一步骤，继续输入标高间距数值，完成标高 F3 至 F5 的绘制。完成后按 Esc 键退出 "复制" 命令。

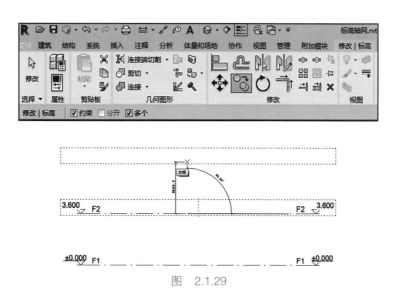

图　2.1.29

如图 2.1.30 所示，单击标高 F5，修改标高 F5 与 F4 之间临时尺寸间距数值为 "1200"，单位为 "mm"，按回车键确认。

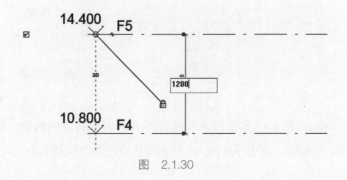

图 2.1.30

接着通过绘制标高来添加新的标高，如图 2.1.31 所示，选择"建筑"选项卡的"基准"面板中的"标高"命令，Revit 2018 将自动切换至"修改｜放置 标高"上下文选项卡，可以看到"绘制"面板中标高的绘制方式有两种，在这里选择"直线" ⬚ 方式进行绘制。绘制标高之前可以设置自动生成的平面视图类型，并确定设置的"偏移"数值为"0"。

图 2.1.31

在绘制之前根据需要选择标高类型，单击"属性"面板中"类型选择器"的向下三角形按钮，可以在弹出的下拉列表中单击选择"下标头"类型，如图 2.1.32 所示。

将鼠标指针移动至 F1 标头正下方任意距离的位置处，Revit 2018 自动捕捉标头，出现蓝色虚线显示已对齐标头，并在鼠标指针与 F1 标头之间显示临时尺寸标注。上下移动鼠标指针，直至临时尺寸显示为 600mm 时，单击确认为将要绘制的 F6 标高起点，沿水平方向移动鼠标指针，在另一端标头处单击，确认完成 F6 标高的绘制。按 Esc 键两次退出"标高"命令。

图　2.1.32

修改标高 F6 名称为"室外地坪",单击旁边空白处,在弹出的"是否希望重命名相应视图?"对话框中单击"是"按钮,完成操作。此操作将同时更改与标高 F6 对应的平面视图的名称。

如图 2.1.33 所示,保存该项目文件。请在"模块 2　Revit 常规信息模型创建 \ 源文件 \ 2.1　标高和轴网 \ 成果模型 \ 标高 .rvt"项目文件中查看最终结果。

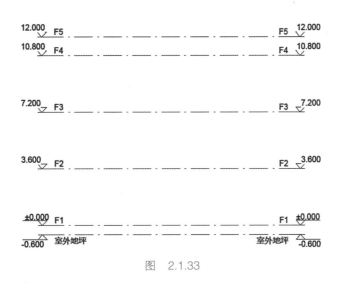

图　2.1.33

3)创建轴网

通过"项目浏览器",双击视图名称 F1 进入一层平面视图。根据需要,先绘制竖向轴网,选择"建筑"选项卡的"基准"面板中的"轴网"命令,Revit 2018 将自动切换至"修改 | 放置 轴网"上下文选项卡,在"绘制"面板中选择"直线" ☑ 方式进行绘制,如图 2.1.34 所示。在绘制之前根据需要选择轴网类型,单击"属性"面板中"类型选择器"的向下三角形按钮,可以在弹出的下拉列表中单击选择所需类型。

如图 2.1.35 所示,单击起点、终点的位置,绘制一根轴网。绘制的第一根纵向轴网的编号为 ①,自左向右绘制,后续的轴网将自动按照数字升序排列命名。通过"复制"命令完成 ②~ ⑤轴网的绘制,间距依次为 4200mm、2400mm、2100mm、1200mm。

图 2.1.34

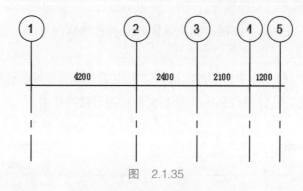

图 2.1.35

选择"建筑"选项卡的"基准"面板中的"轴网"命令，如图 2.1.36 所示，在⑤轴网的顶部单击，使⑥轴网的顶部与⑤轴网的顶部重合，移动鼠标指针，当⑥轴网形成 30°夹角时，再次单击，完成⑥轴网的绘制。用同样的方法绘制出⑦轴网，并通过"复制"命令完成⑧~⑪轴网的绘制，间距依次为 1200mm、2100mm、2400mm、4200mm。

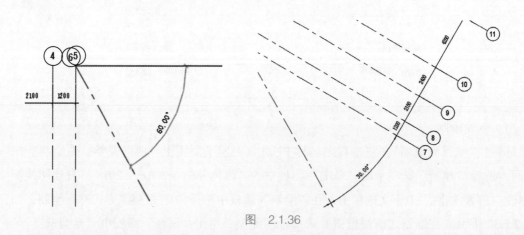

图 2.1.36

接下来开始绘制横向轴网。如图 2.1.37 所示，选择"建筑"选项卡的"模型"面板中的"模型线"命令，Revit 2018 将自动切换至"修改 | 放置 线"上下文选项卡，在"绘制"面板中选择"直线"绘制方式，如图 2.1.38 所示绘制两条模型线。

重新选择绘制方式为"圆角弧"，如图 2.1.39 所示，分别单击两条绘制好的模型线，再在旁边空白处单击，修改半径临时尺寸为 4000mm，完成绘制。

图　2.1.37

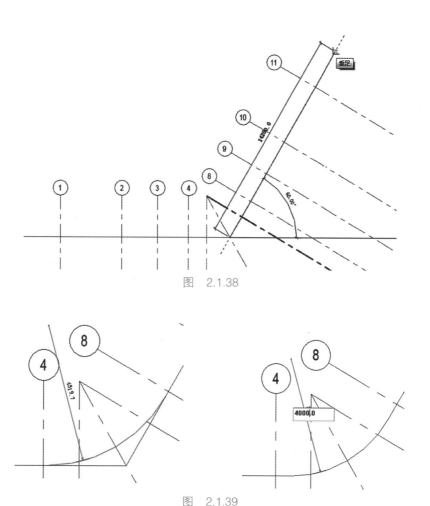

图　2.1.38

图　2.1.39

重新选择绘制方式为"拾取线"，设置"偏移"数值为"1200"，依次拾取刚刚绘制的模型线，如图 2.1.40 所示。重复操作，更改"偏移"数值为"2100"和"1800"，完成模型线的绘制。

选择"轴网"命令，在绘制方式中选择"多段"，进入"修改 | 编辑草图"模式，选择"拾取线"方式，利用 Tab 键选择一整条模型线，单击"完成编辑模式" ✔ 按钮，生成一条横向轴网，双击轴网名称，更改为Ⓐ，后续的轴网将自动按照英文字母顺序排列命名，

如图 2.1.41 所示。重复之前的操作，完成Ⓑ、Ⓒ、Ⓓ轴网的绘制。

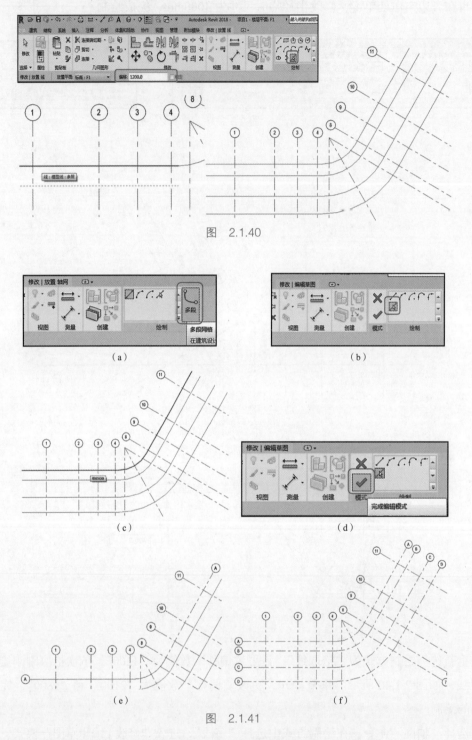

图　2.1.40

（a）　　　　　　　　　　（b）

（c）　　　　　　　　　　（d）

（e）　　　　　　　　　　（f）

图　2.1.41

完成后保存该项目文件。请在"模块 2　Revit 常规信息模型创建 \ 源文件 \2.1　标高和轴网 \ 成果模型 \ 轴网 .rvt"项目文件中查看最终结果。

2. 根据任务要求创建南方某多层住宅的标高和轴网

1）新建项目

如图 2.1.42 所示，启动 Revit 2018 软件，单击软件界面左上角的"文件"选项卡，在弹出的下拉列表中依次单击"新建"→"项目"按钮，在弹出的"新建项目"对话框中单击"浏览"按钮，选择教学文件中"项目文件"文件夹中提供的样板文件"样板文件 2018.rte"，单击"确定"按钮，完成操作。

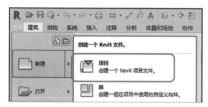

图　2.1.42

2）创建标高

通过"项目浏览器"，双击视图名称进入任意立面视图。如图 2.1.43 所示，系统默认设置了两个标高 F1 和 F2。

图　2.1.43

根据需要添加标高：选择标高 F2，依次单击"修改｜标高"上下文选项卡→"修改"面板→"复制"按钮，勾选"约束"和"多个"两个复选框，再次单击 F2，作为复制的基点，光标向上移动，在键盘中输入新标高与被复制标高之间的间距数值为"3000"，单位为"mm"，输入后按回车键确认。Revit 2018 将会自动默认给新绘制的标高命名为 F3。由于勾选"多个"复选框，可继续输入下一标高间距，实现多次复制，完成标高 F4～F9 的绘制。

单击标高 F8，修改标高 F8 与 F7 之间的间距数值为"2600"，单位为"mm"，按回车键确认；单击标高 F9，修改 F9 与 F8 之间的间距数值为"1680"，单位为"mm"，按回车键确认。

依次单击"建筑"选项卡→"基准"面板→"标高"按钮，在"属性"面板的"类型选择器"下拉列表中选择"下标头"类型，光标在绘图区域移动到现有标高 F1 左侧标头下方，当出现蓝色虚线的时候，单击开始从左至右绘制标高，当光标移动到标高右侧出现蓝色虚线的时候单击完成。Revit 2018 将会自动默认给新绘制的标高命名为 F10，修改 F10 与原有标高 F1 之间的间距数值为"1000"，单位为"mm"，按回车键确认。修改 F10 名称为"室外地坪"，在弹出的对话框中选择"是"，完成操作。

如图 2.1.44 所示，保存该项目文件。请在"实训项目\模块 2　Revit 常规信息模型创建\源文件\2.1　标高和轴网\成果模型\南方某多层住宅 - 标高 .rvt"项目文件中查看最终结果。

图　2.1.44

注意

由于是复制的标高，需要主动添加相应的楼层平面视图，如图 2.1.45 所示，单击"视图"选项卡，通过"创建"面板中的"平面视图"的下拉列表，选择"楼层平面"命令。在弹出的"新建楼层平面"对话框中选择出现的所有标高选项，单击"确定"按钮，将会生成复制标高的楼层平面视图。

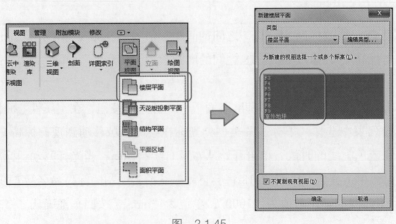

图　2.1.45

3）创建轴网

打开"南方某多层住宅 - 标高 .rvt"项目文件，在"项目浏览器"中双击文件进入 F1 视图，根据 CAD 图纸进行轴网的绘制。

依次单击"建筑"选项卡→"基准"面板→"轴网"工具，移动光标到绘图区域的左下角，单击捕捉一点作为轴线起点，然后从下向上垂直移动光标一段距离之后，再次单击捕捉轴线终点，创建第一条垂直轴线，Revit 2018 将会自动默认给新建轴网命名为①。

选择①号轴线，向右复制轴网，依次输入间距值 2400、1200、1300、2000、1300、1300、2000、1300、900、300、1700、700、700、1700、300、900、1300、2000、1300、1300、2000、1300、1200、2400，单位为"mm"，并在输入每个数值后按回车键确认，完成②~㉓号轴网的绘制。

> **注意**
>
> 本项目中①~⑪号轴线以⑫号轴线为中心镜像同样可以生成⑬~㉓号轴线，但是镜像之后⑬~㉓号轴线的顺序将发生颠倒，也就是㉓号轴线在最左侧，⑬号轴线在最右侧，这是因为在对多个轴线进行复制或者镜像的时候，Revit 2018 默认以复制源的绘制顺序进行排序，因此绘制轴网时不建议使用镜像的方式绘制。

使用相同的方法，在轴线①下标头上方绘制水平轴线，选择刚创建的水平轴线，修改标头数字㉔为Ⓐ，完成轴线Ⓐ的创建。选择轴线Ⓐ，向上复制轴网，依次输入间距值 4500、2100、1800、2700、2400，单位为"mm"，并在输入每个数值后按回车键确认，完成Ⓑ~Ⓕ轴网的绘制。

完成后，如图 2.1.46 所示，保存该项目文件。请在"模块 2　Revit 常规信息模型创建 \ 源文件 \2.1　标高和轴网 \ 成果模型 \ 南方某多层住宅 - 轴网 .rvt"项目文件中查看最终结果。

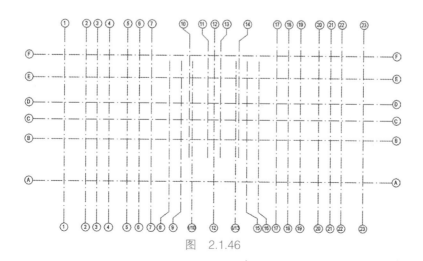

图　2.1.46

2.1.5　拓展习题

　　如图 2.1.47 所示，某建筑共 60 层，其中首层地面标高为 ± 0.000，首层层高为 6.0m，第 2~4 层层高均为 5.0m，第 5 层及以上层高均为 4.0m。请按要求建立项目标高，并建立每个标高的楼层平面视图。请按照以下平面图中的轴网要求绘制项目轴网。最终结果以"标高和轴网"为文件名保存该项目文件。

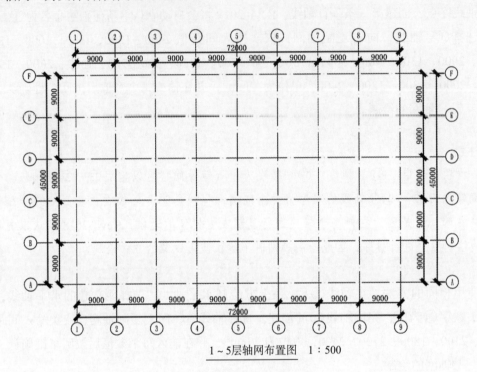

1 ~ 5层轴网布置图　1：500

6层及以上轴网布置图　1：500

图　2.1.47

2.1.6　任务评价

本任务强调课程考核与评价的整体性，采用过程性考核与结果性考核相结合的方式，按照学生自评、学生互评和教师评阅相结合的原则，从出勤率、训练表现、训练内容质量及成果、问题答辩四方面进行综合考核。最终任务成果的评分标准如表 2.1.1 所示。

表 2.1.1　评分标准

班级＿＿＿＿＿＿＿＿　　　任课教师＿＿＿＿＿＿＿＿　　　日期＿＿＿＿＿＿＿＿

序号	学生姓名	考核方式	评价内涵及能力要求				评分	权重	成绩
			出勤率	训练表现	训练内容质量及成果	问题答辩			
			只扣分不加分	20分	60分	20分			
			1. 迟到一次扣2分，旷课一次扣5分 2. 缺课1/3学时以上，该专项能力不记分	1. 学习态度端正（10分）2. 积极思考问题、动手能力强（10分）	1. 正确使用软件完成任务书要求（30分）2. 模型成果符合制图标准（30分）	1. 解决实际存在的问题（10分）2. 结合实践、灵活运用（10分）			
		学生自评						30%	
		学生互评						30%	
		教师评阅						40%	

实训任务 2.2　墙　体

2.2.1　任务目的

知识要求：在 Revit 建筑信息模型的创建中，墙体设计十分重要。墙体不仅是建筑空间的分隔主体，同时也是门窗、墙饰条、墙的分割线、卫浴、灯具等构件的承载主体。所以在绘制墙体时，需要综合考虑墙体的厚度、构造做法、材质和功能类型等。

在 Revit 2018 中，墙体属于系统族类型，Revit 2018 提供了三种类型的墙族：基本墙、叠层墙和幕墙。所有 Revit 建筑信息模型中的墙体类型都是通过这三种系统墙族的不同参数和样式设定来建立的。其中幕墙是墙体的一种特殊类型，因为幕墙嵌板具有可以自由定制的特性，同时幕墙嵌板的样式同幕墙网格的划分之间有着自动维持边界约束的特点，这些特性使幕墙具有非常好的应用拓展功能。通过此次任务的学习，学生能够熟练掌握创建和编辑基本墙、叠层墙和幕墙的能力。

思政目的：通过熟练掌握创建和编辑墙体的能力，能够了解墙体不同构造层的功能属性之间的优先级别，引导学生认知在学习和生活中，遇到问题时要善于把握中心和关键，分清主次和轻重，既不能刻舟求剑、封闭僵化，也不能照抄照搬、食洋不化。

2.2.2　任务要求

熟悉 Revit 2018 定义墙的类型以及绘制墙的方法。以多层住宅为例，根据表 2.2.1 和图 2.2.1 所示的要求，完成南方某多层住宅的墙体绘制，并在合适的位置添加任务提供的墙饰条。

表 2.2.1　墙体的构成层次

名　称	构 成 层 次	备　注
外墙	• 10 厚外墙面砖 • 20 厚聚苯乙烯保温板 • 200 厚混凝土 • 10 厚水泥砂浆	
内墙 1	• 20 厚水泥砂浆 • 200 厚混凝土 • 20 厚水泥砂浆 • 10 厚水泥砂浆	
内墙 2	• 100 厚混凝土 • 10 厚水泥砂浆	

2.2.3　任务知识链接

1. 绘制墙体

1）基本墙

如图 2.2.2 所示，单击"建筑"选项卡，选择"构建"面板中的"墙"命令，Revit 2018 将自动切换至"修改 | 放置 墙"上下文选项卡，可以看到"绘制"面板中有"直线""矩形""多边形""圆形""弧形""拾取线"和"拾取面"等多种绘制方式可供选择。建模时可根据需要选择合适的墙体绘制方式（一般是"直线" ▨ 方式）。

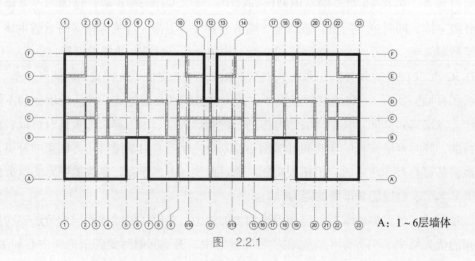

图　2.2.1

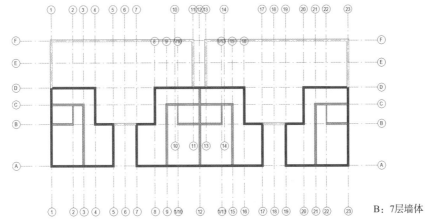

B：7层墙体

注：软件界面中深色填充表示外墙，线条填充表示内墙，无填充墙体表示女儿墙（女儿墙设置同外墙设置）。

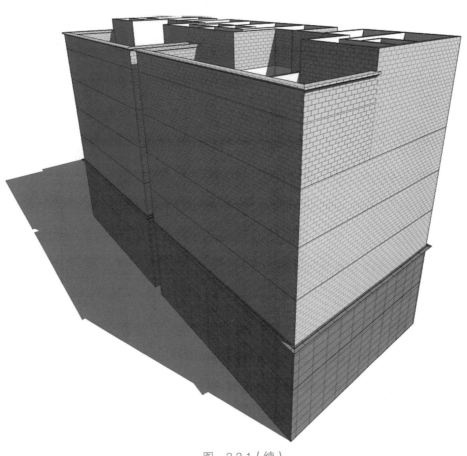

图　2.2.1（续）

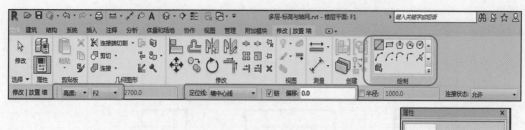

图　2.2.2

> **注意**
>
> 在 Revit 2018 中，墙体有外墙面和内墙面之分。因此建议绘制墙体时，按照顺时针的方向绘制，保证墙体的外墙面朝向外侧。

同时在"属性"面板中，可以根据需要设置墙体的定位线、底部约束、底部偏移、顶部约束和顶部偏移等属性参数，在"选项栏"中可以设置墙体的放置方式、定位线、偏移量和链等参数。

> **注意**
>
> 因为在 Revit 2018 中墙体可以设置构造层次，并且有内外墙面之分，所以在"属性"面板或者"选项栏"中设置"定位线"，可以控制绘制墙体时是以哪一构造层来准确定位的。例如，绘制一面墙体并设置"定位线"为"核心层中心线"，那么即使修改此墙体的类型或者结构，"定位线"的位置仍然会保持"核心层中心线"不变。墙体"定位线"的设置与构造层的对应关系如图 2.2.3 所示。

如图 2.2.4 所示，在"属性"面板的"类型选择器"的下拉列表中可以选择墙体的类型，如果项目中需要其他类型的墙体，可以在复制的基础上更改已有墙体类型的参数和样式，从而创建新的墙体类型。单击"编辑类型"按钮，将会弹出"类型属性"对话框，单击"复制"按钮，将新的墙体类型名称命名为"练习 - 砖石砌块 -240mm"，单击"确定"按钮，完成复制。

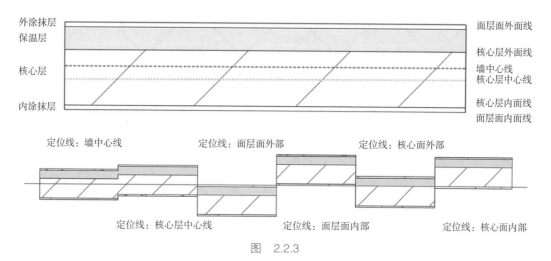

外涂抹层
保温层

核心层

内涂抹层

面层面外面线

核心层外面线
墙中心线
核心层中心线

核心层内面线
面层面内面线

定位线：墙中心线　　　定位线：面层面外部　　　定位线：核心面外部

定位线：核心层中心线　　　定位线：面层面内部　　　定位线：核心面内部

图　2.2.3

图　2.2.4

　　在 Revit 2018 中复制了类型对象之后，需要根据任务需要设置墙体的类型参数。如图 2.2.5 所示，单击"编辑"按钮，将弹出"编辑部件"对话框，根据需要设置墙体构造层的"材质"和"厚度"，单击"确定"按钮，完成操作。

　　将光标放置在绘图区域内，借助轴网的交点，从顺时针方向单击起点、终点，开始绘制墙体。

　　2）叠层墙

　　如图 2.2.6 所示，叠层墙是 Revit 中一种特殊的墙体类型，它是在纵向上由若干个不同厚度、材质和构造类型的子墙相互堆叠而组成的墙体。

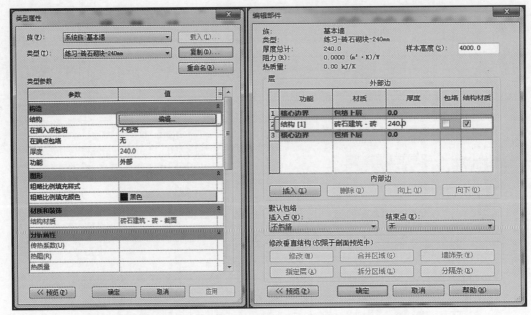

图 2.2.5

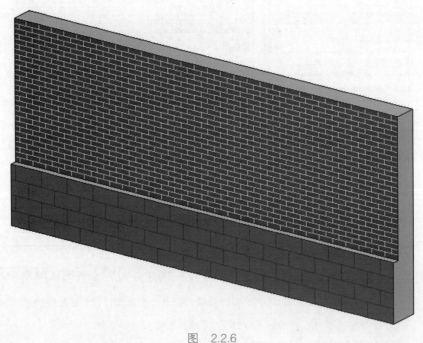

图 2.2.6

　　如果需要创建叠层墙，首先选择"建筑"选项卡的"构建"面板中的"墙"命令，在"属性"面板的"类型选择器"的下拉列表中选择叠层墙类型。单击"编辑类型"按钮，弹出"类型属性"对话框，再单击类型参数中"结构"所对应的"编辑"按钮，弹出"编辑部件"对话框。如图 2.2.7 所示，可以设置需要的叠层墙类型。

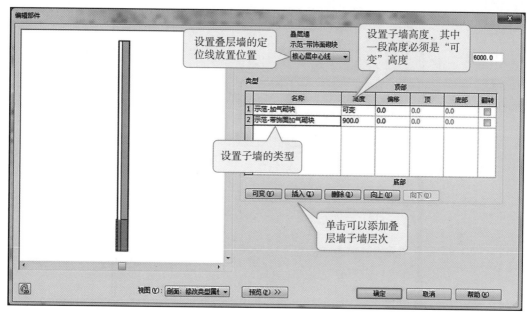

图　2.2.7

3）幕墙

在 Revit 2018 中，玻璃幕墙是一种墙体类型，可以像绘制基本墙体一样来绘制幕墙。系统默认有四种类型：幕墙、外部玻璃、店面和扶手，并且幕墙可以设置多样的网格分割、竖梃样式、嵌板样式和定位关系，根据不同需求来修改和设置。

绘制幕墙，首先选择"建筑"选项卡的"构建"面板中的"墙"命令，在"属性"面板的"类型选择器"下拉列表中选择合适的幕墙类型进行绘制。

2. 编辑基本墙和叠层墙

1）设置墙体实例参数

单击选择需要修改的单面或者多面墙体，在"属性"面板中设置修改其实例参数，其中可修改的实例参数包括墙体的定位线、墙体高度、基面和顶面的位置及偏移等位置图元属性，以及墙体的结构用途属性等。

2）设置墙体类型参数

墙体的类型参数可以用来设置不同类型墙体的粗略比例填充样式、结构和材质等特性。选择需要修改的单面或者多面墙体，单击"编辑类型"按钮，弹出"类型属性"对话框，再单击类型参数中"结构"所对应的"编辑"按钮，弹出"编辑部件"对话框，修改其中各个构造层次的材质、厚度和位置关系。

如图 2.2.8 所示，在"编辑部件"对话框中可以指定各结构层的功能属性，包括结构［1］、衬底［2］、保温层 / 空气层［3］、涂膜层、面层 1［4］、面层 2［5］等几种类型。对应的功能如表 2.2.2 所示。

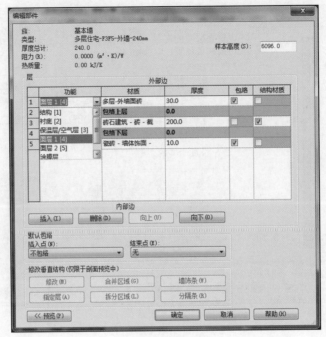

图 2.2.8

表 2.2.2　各结构层的功能

名　称	功　能
结构［1］	支撑其余墙、楼板或屋顶的层
衬底［2］	作为其他材质基础的材质（如胶合板或石膏板）
保温层 / 空气层［3］	隔绝并防止空气渗透
涂膜层	通常用于防止水蒸气渗透的薄膜。涂膜层的厚度应该为零
面层 1［4］	面层 1 通常是外层
面层 2［5］	面层 2 通常是内层

▌**注意**

　　层的功能属性是具有优先顺序的。优先级别按照中括号里的数字由小至大依次下降。

　　在"编辑部件"对话框中单击材质属性后面的方框 ▊材质▊，将进入如图 2.2.9 所示的"材质浏览器"对话框。单击左下角的 ▊ 按钮，可以选择新建材质 / 复制选定的材质，并在右边的标识、图形和外观中设置材料的名称、颜色、表面填充图案、截面填充图案和渲染图像等各种属性信息。

　　单击"拆分区域"按钮，可以将一个构造层拆分为上下几个部分，用"修改"命令修改尺寸及调节边界位置，此时被拆分构造层厚度值变为"可变"。可单击"插入"新建构造层，并给新建层设置不同的材质属性，通过"指定层"工具将新建的构造层指定给之前拆分的不同区域。成果如图 2.2.10 所示。

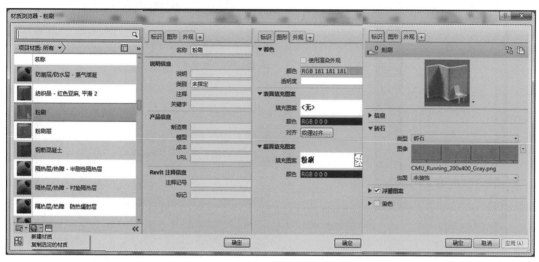

图　2.2.9

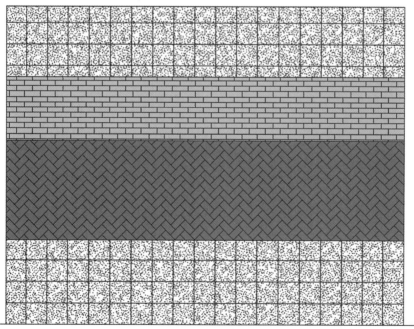

图　2.2.10

　　如图 2.2.11 所示，在"编辑部件"对话框右下角的"修改垂直结构"区域内可以进行墙体的复合结构设置，满足一面墙在不同高度有几个材质的要求。

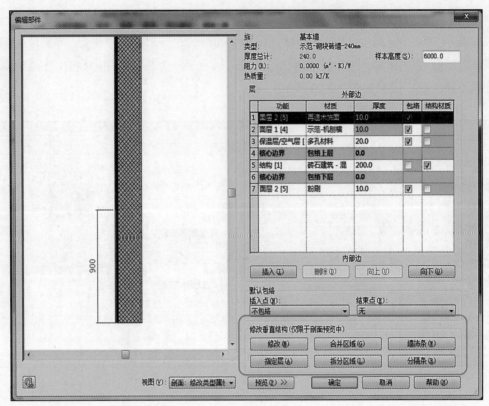

图 2.2.11

3）编辑墙体平面

墙体的平面参数如图 2.2.12 所示，可以通过调整临时尺寸参数、鼠标拖曳墙体两端控制夹点修改墙体的位置、长度、高度和内外墙面等。

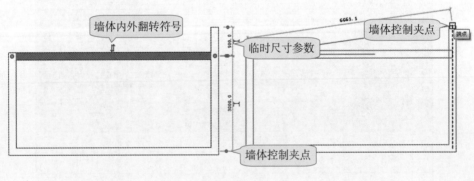

图 2.2.12

墙体可以使用所有常规的编辑命令进行编辑，如图 2.2.13 所示，单击选择需要被编辑的墙体，Revit 2018 将自动切换至"修改｜墙"上下文选项卡，可以选择"修改"面板下的"移动""复制""旋转""阵列""镜像""对齐""拆分""修剪""偏移"等编辑命令对其进行编辑修改。

图　2.2.13

4）编辑墙体立面轮廓

　　如果创建的墙体需要修改立面轮廓，可以如图 2.2.14 所示进行操作，单击选择需要编辑的墙体，Revit 2018 将自动切换至"修改│墙"上下文选项卡，选择"模式"面板中的"编辑 轮廓"命令。如果在平面视图进行此操作，此时将会弹出"转到视图"对话框，选择任意立面视图进行操作，将自动切换至"修改│墙 > 编辑轮廓"上下文选项卡，进入绘制墙体轮廓草图模式。单击"绘制"面板中合适的绘制工具，在立面上绘制封闭轮廓，单击"完成绘制"按钮，可生成对应形状的墙体。

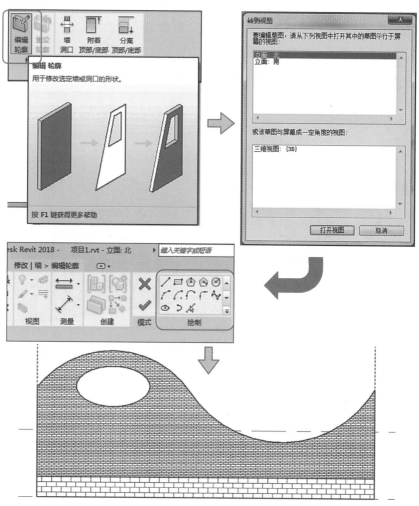

图　2.2.14

如果需要一次性还原已编辑过轮廓的墙体，如图 2.2.15 所示，单击选择墙体，Revit 2018 将自动切换至"修改｜墙"上下文选项卡，选择"模式"面板中的"重设 轮廓"命令即可实现。

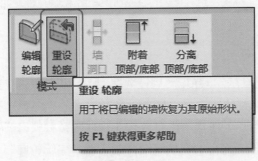

图　2.2.15

5）墙体的附着和分离

如图 2.2.16 所示，单击选择需要修改的墙体，Revit 2018 将自动切换至"修改｜墙"上下文选项卡，选择"修改墙"面板中的"附着 顶部 / 底部"命令，然后拾取屋顶、楼板、天花板或参照平面，可将墙连接到屋顶、楼板、天花板和参照平面上，墙体形状自动发生变化。选择"分离 顶部 / 底部"命令可将墙从屋顶、楼板、天花板和参照平面上分离开，墙体形状恢复原状。

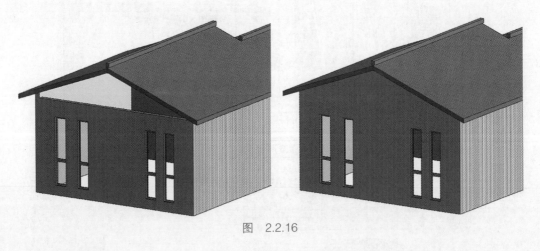

图　2.2.16

3. 编辑幕墙

1）参数编辑

对于幕墙的编辑，可用参数控制幕墙网格的布局形式、网格的间距值、对齐和旋转角度以及偏移值。如图 2.2.17 所示，选择需要被编辑的幕墙，Revit 2018 将自动切换至"修改｜墙"上下文选项卡，在"属性"面板中可以编辑幕墙的实例参数。单击"编辑类型"按钮，弹出"类型属性"对话框，在这里可以编辑幕墙的类型参数。

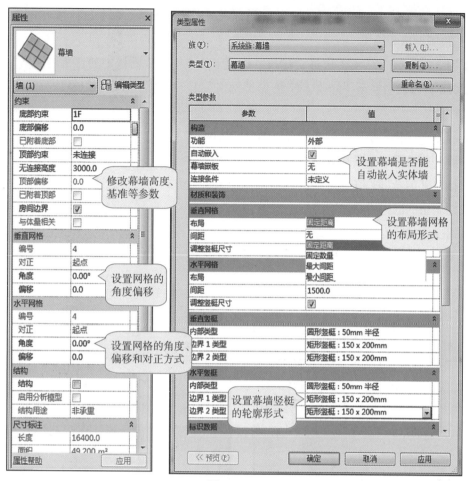

图　2.2.17

2）手动编辑

除了利用参数控制修改幕墙的网格间距，同样也可以进行手动调整。如图 2.2.18 所示，选择幕墙网格（可按 Tab 键切换被选图元），单击"解锁"　按钮，即可在键盘上输入数值，直接修改网格的临时尺寸。

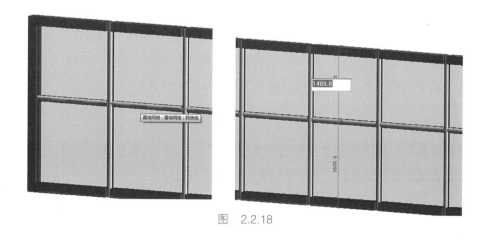

图　2.2.18

幕墙的立面轮廓编辑同基本墙一样，可以通过"编辑轮廓"命令进行修改编辑。

3）幕墙网格和竖梃

如图 2.2.19（a）所示，选择"建筑"选项卡的"构建"面板中的"幕墙网格"命令，Revit 2018 将自动切换至"修改｜放置 幕墙网格"上下文选项卡，可以整体分割或局部细分幕墙嵌板。

全部分段：单击添加整条网格线，划分嵌板网格。

一段：单击添加一段网格线，划分嵌板网格。

除拾取外的全部：在合适的地方单击，先添加一条红色的整条网格线，再将其中的某段删除，剩余的嵌板将添加网格线。

如需要添加竖梃，如图 2.2.19（b）所示，选择"构建"面板中的"竖梃"命令，选择竖梃类型，在"放置"面板中选择合适的创建命令拾取已有的网格线，添加竖梃。

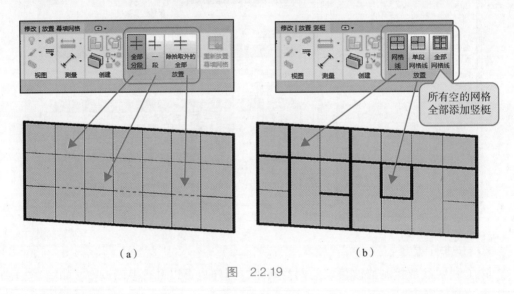

图　2.2.19

4）幕墙替换

幕墙的玻璃嵌板可以替换成门、窗或者基本墙体。如图 2.2.20 所示，将光标放在需要替换的幕墙嵌板边缘，使用 Tab 键进行切换选择，当切换到幕墙嵌板后单击选择，Revit 2018 将自动切换至"修改｜幕墙嵌板"上下文选项卡，在"属性"面板的"类型选择器"的下拉列表中选择现有幕墙门、幕墙窗或者基本墙体直接替换，如果"类型选择器"的下拉列表中没有合适的类型，可以单击"载入"按钮从库中载入。

┃注意

　替换幕墙嵌板的门和窗必须使用带有"幕墙"字样的门窗族，此类门窗族是使用幕墙嵌板的族样板来制作的，与常规门窗族不同。

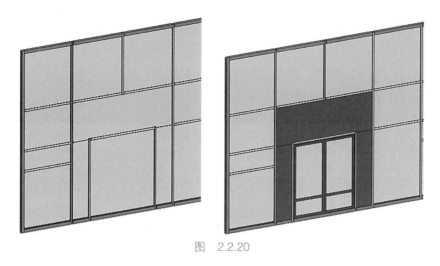

图　2.2.20

4. 墙饰条和分隔条

1）墙饰条

给已建墙体添加墙饰条有以下两种方法。

（1）单击选择墙体，进入立面视图或者三维视图，如图 2.2.21 所示。单击"建筑"选项卡，在"构建"面板的"墙"下拉列表中选择"墙：饰条"命令，Revit 2018 将自动切换至"修改｜放置 墙饰条"上下文选项卡，在"放置"面板中选择墙饰条的布置方向："水平"或者"垂直"。

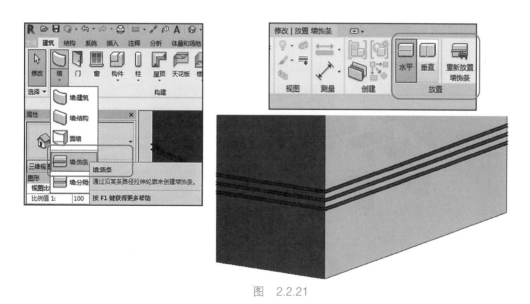

图　2.2.21

在绘图区域以内，直接在需要的位置单击创建墙饰条，可以连续单击多个墙体，为其创建墙饰条。如果需要在一面墙的不同位置创建多个墙饰条，可以单击"重新放置墙饰条"按钮继续放置。

（2）若想为某种类型的所有墙体添加墙饰条，可以在墙体的类型属性中修改墙体结构。选择墙体，单击"属性"面板中的"编辑类型"按钮，弹出"类型属性"对话框，单击"构造"后的"编辑"按钮，弹出"编辑部件"对话框，打开"预览"命令，将"视图"改为"剖面：修改类型属性"，此时，"修改垂直结构"下的命令可用。

如图 2.2.22 所示，选择"墙饰条"命令，打开"墙饰条"对话框，可载入或添加各式各样的墙饰条，并设置其与墙体的关系。

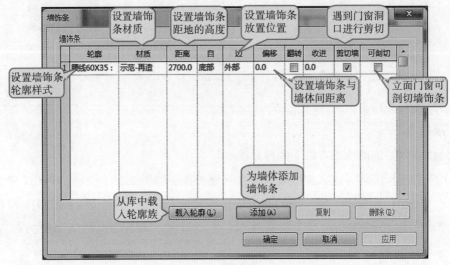

图　2.2.22

2）分隔条

分隔条的创建与墙饰条相同，有以下两种方法。

（1）单击选择墙体，进入立面视图或者三维视图，单击"建筑"选项卡，在"构建"面板的"墙"下拉列表中选择"墙：分隔条"命令，Revit 2018 将自动切换至"修改│放置分隔条"上下文选项卡，在"放置"面板中选择分隔条的布置方向：水平"或者"垂直"。

在绘图区域以内，直接在需要的位置单击创建分隔条，可以连续单击多个墙体，为其创建分隔条。如果需要在一面墙的不同位置创建多个分隔条，可以单击"重新放置分隔条"按钮继续放置。

（2）若想为某种类型的所有墙体添加分隔条，可以在墙体的类型属性中修改墙体结构。选择墙体，单击"属性"面板中的"编辑类型"按钮，弹出"类型属性"对话框，单击"构造"后的"编辑"按钮，弹出"编辑部件"对话框，打开"预览"命令，将"视图"改为"剖面：修改类型属性"，此时，"修改垂直结构"下的命令可用。

选择"分隔条"命令，打开"分隔条"对话框，可载入或添加各式各样的分隔条，并设置其与墙体的关系。

2.2.4　任务操作方法与步骤

1. 根据任务要求绘制南方某多层住宅 F1 楼层 1 单元墙体

1）定义外墙类型

首先打开实训任务 2.1 完成的"南方某多层住宅 - 轴网 .rvt"文件，在"项目浏览器"中切换至室外地坪楼层平面视图，选择"建筑"选项卡的"构建"面板中的"墙"命令，Revit 2018 将自动切换至"修改 | 放置 墙"上下文选项卡。

在"属性"面板的"类型选择器"的下拉列表中选择"基本墙"族下面的"砖墙 240mm"类型，如图 2.2.23 所示，单击"编辑类型"按钮进入"类型属性"对话框，以该类型为基础复制新的墙体类型，命名为"多层住宅 -F1F2- 外墙 -240mm"，并设置其墙体功能为"外部"。

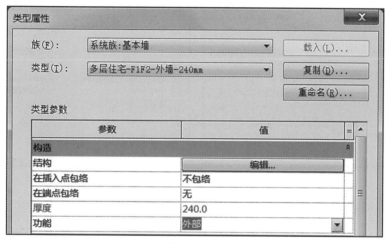

图　2.2.23

再单击"结构"后面的"编辑"按钮，对此墙体构造层进行编辑。根据任务要求进行墙体结构设置，如图 2.2.24 所示，完成"多层住宅 -F1F2- 外墙 -240mm"的类型设置。

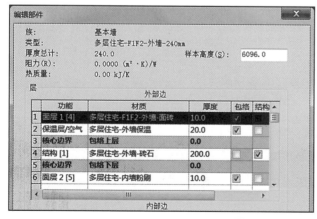

图　2.2.24

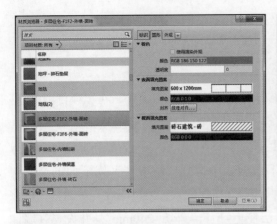
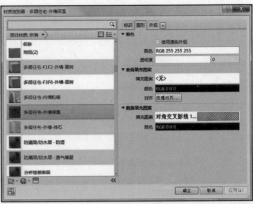
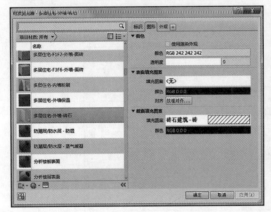
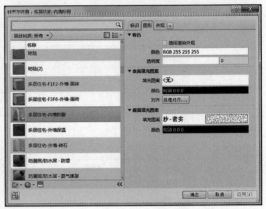

图　2.2.24（续）

2）绘制 F1 楼层 1 单元外墙

确认当前工作平面为室外地坪楼层，确认 Revit 2018 仍处于"修改│放置 墙"状态。如图 2.2.25 所示。在"绘制"面板中选择"直线" 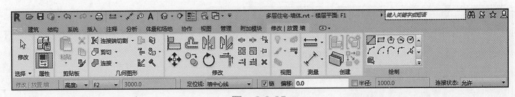 绘制方式。设置"选项栏"中的放置方式"高度"为"F2"，即此外墙高度是由当前视图标高室外地坪直至标高 F2。设置墙的"定位线"为"墙中心线"，勾选"链"，设置"偏移"数值为"0"。

图　2.2.25

如图 2.2.26 所示，在绘图区域内，将光标移动至Ⓐ轴与⑫轴交汇处，单击，将此处作为外墙绘制的起点，依次绘制Ⓐ⑦→Ⓑ⑦→Ⓑ⑤→Ⓐ⑤→Ⓐ①→Ⓕ①→Ⓕ⑪→Ⓓ⑪→Ⓓ⑫，按 Esc 键两次退出命令，完成 F1 外墙绘制。

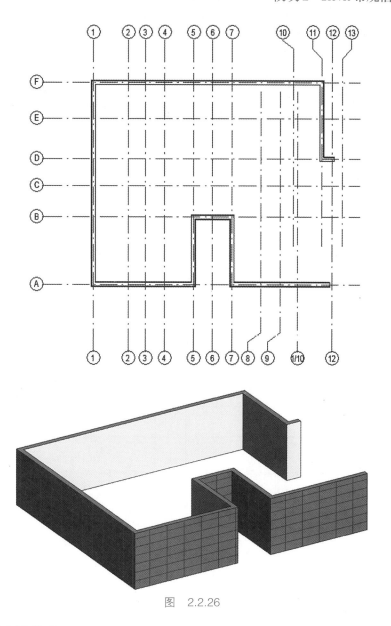

图　2.2.26

3）定义内墙类型

定义内墙类型与定义外墙类型的步骤相同，选择"建筑"选项卡的"构建"面板中的"墙"命令，Revit 2018 将自动切换至"修改 | 放置 墙"上下文选项卡。

在"属性"面板的"类型选择器"的下拉列表中选择"基本墙"族下面的"砖墙240mm"类型，单击"编辑类型"按钮进入"类型属性"对话框，以该类型为基础复制新的墙体类型，命名为"多层住宅 - 内墙 -240mm"和"多层住宅 - 内墙 -120mm"，并设置其墙体功能为"内部"。

再单击"结构"后面的"编辑"按钮，对此墙体构造层进行编辑。根据任务要求进行墙体结构设置，如图 2.2.27 所示，完成"多层住宅 - 内墙 -240mm"和"多层住宅 - 内墙 -

"120mm"的类型设置。其中"多层住宅 - 内墙粉刷"和"多层住宅 - 外墙 - 砖石"的材质设定参照之前的外墙定义。

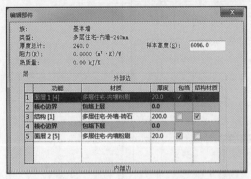 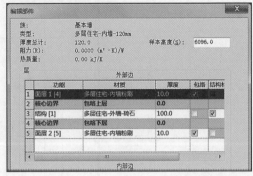

图　2.2.27

4）绘制 F1 楼层 1 单元内墙

完成 F1 楼层内墙的绘制，如图 2.2.28 所示。

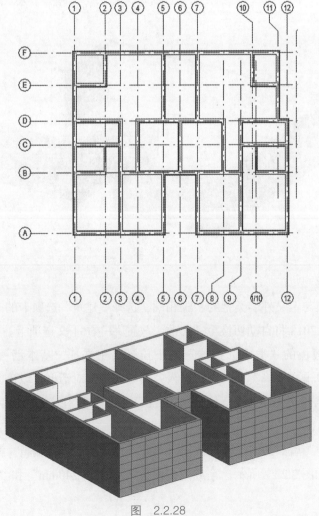

图　2.2.28

2. 绘制南方某多层住宅完整墙体

1）完成一层墙体创建

如图 2.2.29 所示，选择之前绘制好的除⑫轴线上墙体之外的墙体，单击"修改"面板中的"镜像拾取轴"  工具按钮，以⑫轴线作为镜像轴，单击完成一层墙体的镜像任务，按 Esc 键两次退出命令。

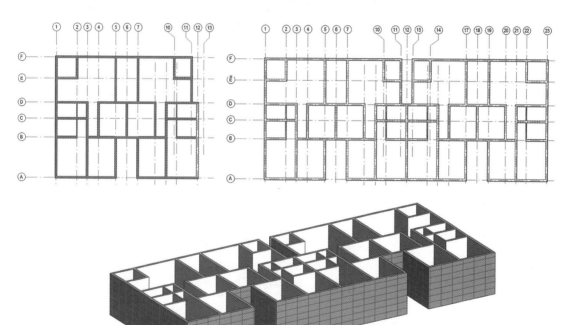

图　2.2.29

2）完成各层墙体复制及修改

如图 2.2.30 所示，利用 Tab 键预选择一层所有外墙，单击进行选择，借助"剪贴板"面板中的"复制到剪贴板" 命令，选择"粘贴"下拉列表中的"与选定的标高对齐"命令，Revit 2018 将自动弹出"选择标高"对话框，选择 F2，单击"确定"按钮，完成操作。

选择粘贴上来的 F2 层外墙，如图 2.2.31 所示，在"属性"面板中修改"顶部偏移"的数值为"0"（这是因为之前一层的外墙是由室外地坪至 F2 的高度，二层外墙高度需要减去室外地坪的高度）。

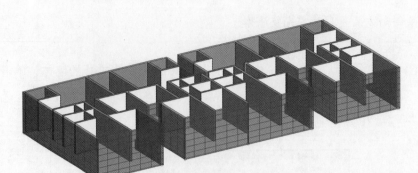

图　2.2.30

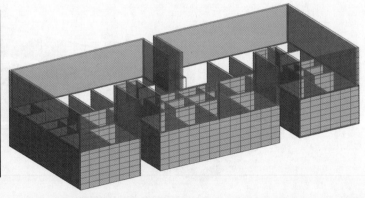

图　2.2.31

　　用上述同样的方法复制 F3 ~ F6 层的外墙，并修改外墙类型为"多层住宅 -F3F6- 外墙 -240mm"，与 F1、F2 层外墙类型的区别在于面层材质的设置，如图 2.2.32 所示。

　　如图 2.2.33 所示，利用"项目浏览器"，进入 F7 楼层平面视图，在"修改"选项卡的"修改"面板中找到"拆分图元" ⬦ 工具，在 ⑩① 和 ⑩㉓ 两轴线相交处单击，拆分此处的墙图元。按照图示选择蓝色显示的墙体，在"属性"面板中，将这部分墙体的"顶部约束"修改成"直到标高: F8"。

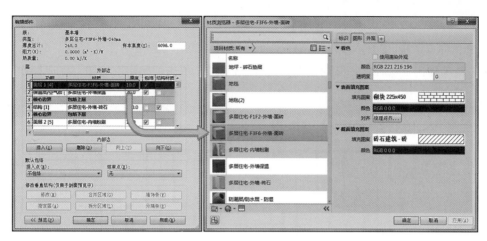

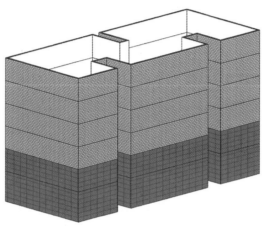

图 2.2.32

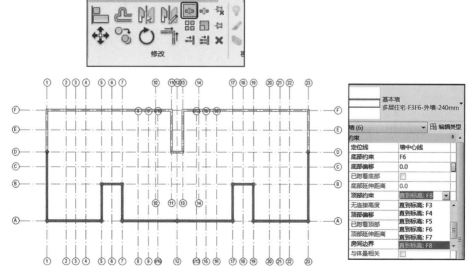

图 2.2.33

进入 F1 楼层平面视图，选择所有内墙，如图 2.2.34 所示，选择"剪贴板"面板中的"复制到剪贴板" 🗋 命令，选择"粘贴"下拉列表中的"与选定的标高对齐"命令，Revit 2018 将自动弹出"选择标高"对话框，选择 F3～F7，单击"确定"按钮，完成操作。

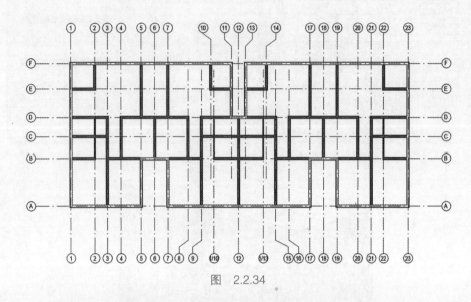

图　2.2.34

进入 F7 楼层平面视图，如图 2.2.35 所示修改墙体设置。蓝色墙体为"多层住宅 - F3F6- 外墙 -240mm"类型外墙，底部约束 F6，顶部约束 F8；红色墙体为"多层住宅 - 内墙 -240mm"和"多层住宅 - 内墙 -120mm"类型内墙，底部约束 F7，顶部约束 F8；橙色墙体是以"多层住宅 -F3F6- 外墙 -240mm"为基础新建的墙体类型"多层住宅 - 女儿墙 -240mm"，底部约束 F6，顶部约束 F8。

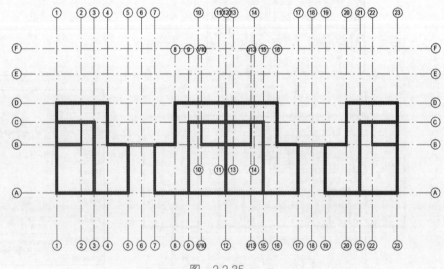

图　2.2.35

图　2.2.35（续）

在 F7 楼层平面视图 "建筑" 选项卡的 "构建" 面板中选择 "墙" 命令，在自动切入的 "修改｜放置 墙" 上下文选项卡的 "绘制" 面板中选择 "直线" 绘制方式。在 "选项栏" 中设置 "未连接" 高度为 "1400"，"定位线" 为 "墙中心线"，勾选 "链" 复选框，如图 2.2.36 所示。在 "属性" 面板中选择墙体类型为 "多层住宅 - 女儿墙 -240mm" 基本墙，沿 ⑩①→ ⑥①→ ⑥⑪ → ⑩⑪和⑩⑬ → ⑥⑬ → ⑥㉓ → ⑩㉓绘制墙体。

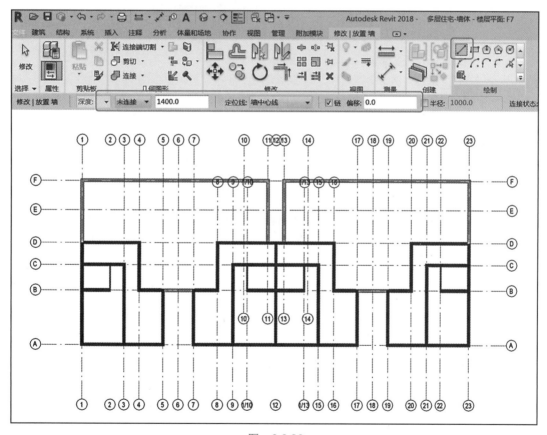

图　2.2.36

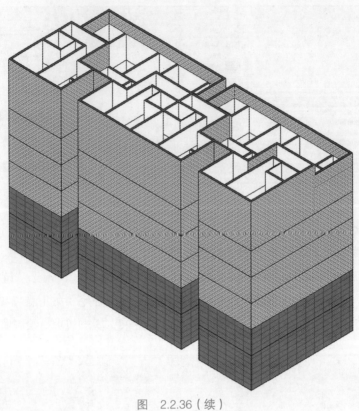

图 2.2.36（续）

3）添加墙饰条

如图 2.2.37 所示，在"插入"选项卡的"从库中载入"面板中选择"载入族"命令，浏览"实训项目\模块 2　Revit 常规信息模型创建\源文件\2.2　墙体\族"文件夹，选择墙饰条 1 和墙饰条 2，单击"确定"按钮，将族文件载入到项目中。

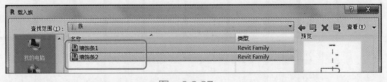

图　2.2.37

利用"项目浏览器"进入三维视图，如图 2.2.38 所示，在"建筑"选项卡的"构建"面板中选择"墙"下拉列表中的"墙：饰条"命令。在"属性"面板中选择"编辑类型"

命令，Revit 2018 将自动弹出"类型属性"对话框，修改"轮廓"为刚刚载入的族文件"墙饰条 2"，修改"材质"为"多层住宅 -F3F6- 外墙 - 面砖"类型，单击"确定"按钮。并确认"放置"面板中墙饰条的放置方式选择的是"水平"方式，即可开始绘制檐口。

图　2.2.38

如图 2.2.39 所示，依次单击 F7 楼层女儿墙顶部边线，完成檐口绘制。

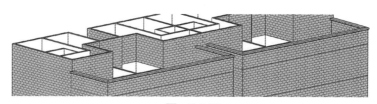

图　2.2.39

檐口绘制完成后，按 Esc 键退出绘制命令。选择"属性"面板中的"编辑类型"命令。如图 2.2.40 所示，在弹出的"类型属性"对话框中以"檐口"类型为基础，复制新类型"腰线"。修改"轮廓"为"墙饰条 1"，修改"材质"为"多层住宅 -F1F2- 外墙 - 面砖"类型，单击"确定"按钮。在三维视图中，单击 F2 层墙体顶部边线，依次生成腰线。

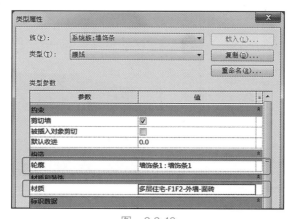

图　2.2.40

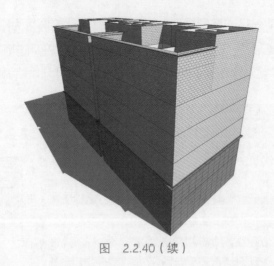

图　2.2.40（续）

完成后保存该项目文件，请在"实训项目 \ 模块 2　Revit 常规信息模型创建 \ 源文件 \ 2.2　墙体 \ 成果模型 \ 南方某多层住宅 - 墙体 .rvt"项目文件中查看最终结果。

2.2.5　拓展习题

参照图 2.2.41 中的平面图、立面图、透视效果图，创建公共卫生间的建筑模型，具体要求如下。

（1）创建墙体模型，其中内墙厚度均为 200mm，一层外墙为叠层墙，厚度均为 240mm。

（2）建立楼板模型，楼板厚度为 150mm。

（3）门构件尺寸为 1000×2100，单位为"mm"；窗构件有两类，尺寸为 600×2100、700×1800，单位为"mm"。

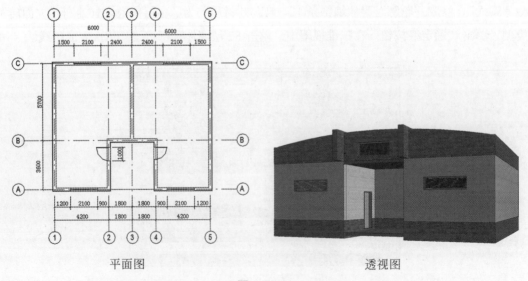

平面图　　　　　　　　　　　　　　　透视图

图　2.2.41

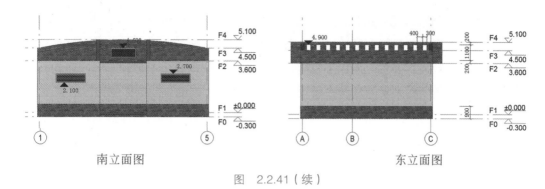

南立面图 　　　　　　　　　　　　　　　　　　　东立面图

图　2.2.41（续）

2.2.6　任务评价

本任务强调课程考核与评价的整体性，采用过程性考核与结果性考核相结合的方式，按照学生自评、学生互评和教师评阅相结合的原则，从出勤率、训练表现、训练内容质量及成果、问题答辩四方面进行综合考核。最终任务成果的评分标准如表 2.2.3 所示。

表 2.2.3　评分标准

班级＿＿＿＿＿＿＿＿＿　　　　　　任课教师＿＿＿＿＿＿＿＿＿　　　　　　日期＿＿＿＿＿＿＿＿＿

序号	学生姓名	考核方式	评价内涵及能力要求				评分	权重	成绩
			出勤率	训练表现	训练内容质量及成果	问题答辩			
			只扣分不加分	20 分	60 分	20 分			
			1. 迟到一次扣 2 分，旷课一次扣 5 分 2. 缺课 1/3 学时以上，该专项能力不记分	1. 学习态度端正（10 分） 2. 积极思考问题、动手能力强（10 分）	1. 正确使用软件完成任务书要求（30 分） 2. 模型成果符合制图标准（30 分）	1. 解决实际存在的问题（10 分） 2. 结合实践、灵活运用（10 分）			
		学生自评						30%	
		学生互评						30%	
		教师评阅						40%	

实训任务 2.3　门　　窗

2.3.1　任务目的

知识要求：在 Revit 2018 中，门、窗是建筑设计中最常用的构件，其主体是墙，必须依附于墙体而存在，如果删除墙体，门窗也将随之被删除。此外，门窗图元同墙体等系统族不同，属于可载入族，可以通过载入族工具从外部载入。

在项目中，门窗图元是可以通过修改类型参数，例如门窗的宽、高以及材质类型等，形成新的门窗类型。并且门窗的插入点设置，平、立、剖面的图纸表达及其可见性控制等都和门窗族的参数设置有关。所以不仅要求学生在本模块内容中学习和了解门窗构件族的参数修改设置，还要在未来的族制作模块内容中深入了解门窗族的制作原理。

思政目的：通过熟悉门窗构件族的参数修改设置，掌握门窗的主体是墙，必须依附于墙体而存在，如果删除墙体，门窗也将随之被删除。引导学生认知有国才有家，国泰然后民安，必须要紧密团结在党中央周围，埋头苦干、奋勇前进，为全面建设社会主义现代化国家、全面推进中华民族伟大复兴而团结奋斗。

2.3.2 任务要求

熟悉门、窗的编辑方法，并根据图 2.3.1 和表 2.3.1 所示的要求为多层住宅项目添加对应的门窗构件。

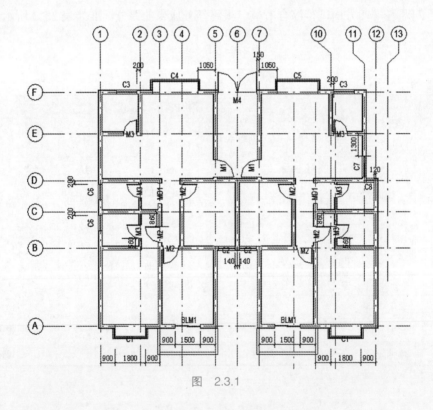

图　2.3.1

表 **2.3.1**　门窗构件洞口尺寸

编号	名　　称	洞口尺寸 （宽 × 高）/mm	备　　注
M1	金属防盗门	1000 × 2100	靠近门边轴线距离为 200mm
M2	平开夹板门	900 × 2100	除有尺寸标记的外，定位依据为靠近门边轴线距离 200mm

续表

编号	名　　称	洞口尺寸 （宽 × 高）/mm	备　　注
M3	平开百叶门	800 × 2100	除有尺寸标记的外，定位依据为靠近门边轴线距离 200mm
M4	双扇镶玻璃平开门	2320 × 2400	靠近门边轴线距离为 200mm
MD1	门洞	900 × 2400	靠近门边轴线距离为 140mm
BLM1	塑钢玻璃推拉门	1500 × 2400	距两边轴线距离为 900mm
C1	塑钢凸窗	1800 × 1800	窗台高 900mm
C2	双扇塑钢推拉窗带亮子	1060 × 1800	窗台高 900mm
C3	双扇塑钢推拉窗带亮子	1200 × 1500	窗台高 900mm
C4	下层固定塑钢中空推拉窗	2700 × 2400	窗台高 300mm
C5	下层固定塑钢中空推拉窗	2400 × 2400	窗台高 300mm
C6	塑钢玻璃推拉窗	900 × 900	窗台高 1500mm
C7	双扇塑钢推拉窗带亮子	1200 × 1800	窗台高 900mm
C8	塑钢单扇平开窗	460 × 900	窗台高 1500mm

2.3.3　任务操作方法与步骤

1. 按照要求为南方某多层住宅 F1 楼层创建门

如图 2.3.2 所示，打开项目文件"实训项目 \ 模块 2　Revit 常规信息模型创建 \ 源文件 \2.2　墙体 \ 成果模型 \ 南方某多层住宅 - 墙体 .rvt"。

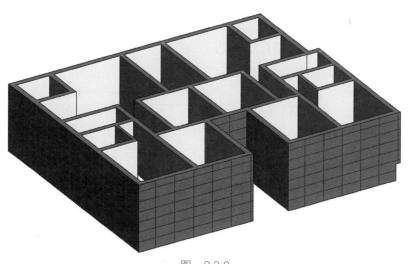

图　2.3.2

根据要求，需要插入单元大门 M4 和套内房间门 M1、M2、M3、M4、BLM1 和门洞 MD1。在"项目浏览器"中切换视图为楼层平面 F1。

　　由于 Revit 2018 系统样板中门类型不多，所以在放置门之前需要先载入门族。如图 2.3.3 所示，单击"插入"选项卡的"从库中载入"面板中的"载入族"工具按钮，从"实训项目\模块 2　Revit 常规信息模型创建\源文件\2.3　门窗"中选择所有门窗类型，单击"打开"按钮，载入到项目中。

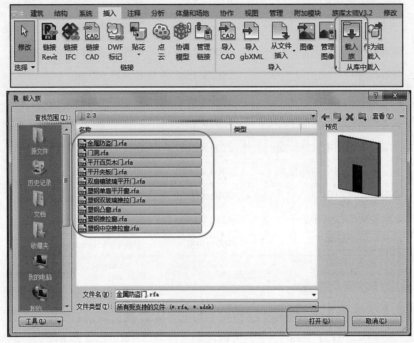

图　2.3.3

　　如图 2.3.4 所示，单击"建筑"选项卡的"构建"面板中的"门"工具按钮，Revit 2018 将自动切换至"修改｜放置 门"上下文选项卡，在"标记"面板中选择"在放置时进行标记"命令，Revit 2018 将会自动标记门。在"选项栏"中可以选择是否勾选"引线"复选框，以及设置引线的长度。

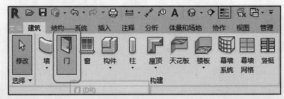

图　2.3.4

如图 2.3.5 所示，在"属性"面板的"类型选择器"的下拉列表中选择"金属防盗门"
类型，单击"编辑类型"按钮，进入"类型属性"对话框，复制一个新的类型 M1，修改
其宽度为 1000，高度为 2100，单位为"mm"，单击"确定"按钮。在需要放置门窗的墙
主体上移动光标，当门位于正确的位置时单击，完成门图元的放置。

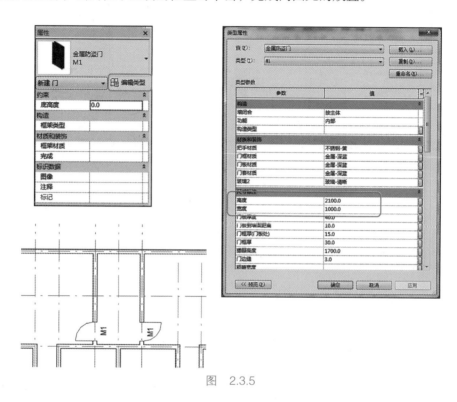

图　2.3.5

如图 2.3.6 所示，单击选中一个放置好的 M1 门图元，此时门图元被激活，Revit 2018
将自动切换至"修改｜门"上下文选项卡。

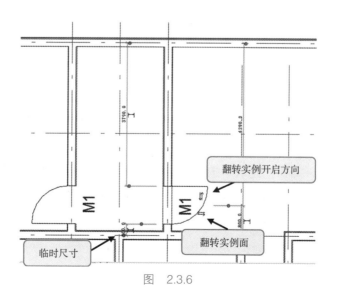

图　2.3.6

如图 2.3.7 所示，可以通过修改门的临时尺寸来控制门图元的放置位置；通过单击门图元的"翻转实例面"工具，可以改变门的翻转方向（朝内开启或朝外开启）；通过单击门图元的"翻转实例开启方向"，可以改变开门的左右方向。

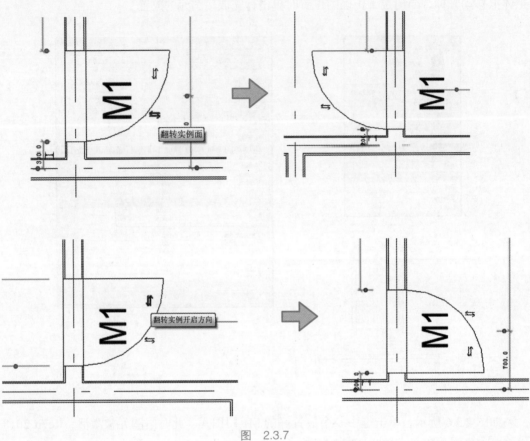

图　2.3.7

> **注意**
>
> 在插入门时输入 SM 快捷命令，可以自动捕捉到中点插入，并且可以通过按空格键来改变门的左右和内外开启方式。

用同样的方法完成其余门图元的放置与修改，如图 2.3.8 所示。

2. 按照要求为南方某多层住宅 F1 楼层创建窗

如图 2.3.9 所示，选择"建筑"选项卡的"构建"面板中的"窗"命令，在"属性"面板的"类型选择器"的下拉列表中选择所需要的窗类型。可以通过"编辑类型"命令来修改窗图元的高宽尺寸（同前面门图元的设置），并且可以通过修改"属性"面板中"底高度"的参数值来控制窗台高度。

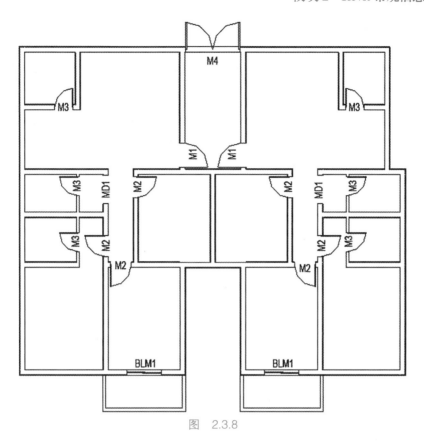

图　2.3.8

图　2.3.9

　　如果"类型选择器"的下拉列表中没有合适的门窗类型,可以从"插入"选项卡的
"从库中载入"面板中的"载入族"命令载入相应的门窗族类型(族文件的存放位置在
如图 2.3.10 所示的文件夹中)。

图 2.3.10

如图 2.3.11 所示，选择"窗"命令之后，Revit 2018 将自动切换至"修改 | 放置 窗"上下文选项卡，在"标记"面板中选择"在放置时进行标记"命令，Revit 2018 将会自动标记窗，并且同样可以通过更改临时尺寸来控制放置窗的位置。

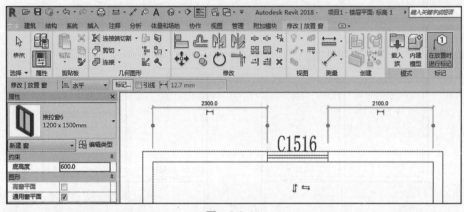

图 2.3.11

按照上述方法，根据任务要求完成南方某多层住宅一层 1 单元所有窗图元的放置与修改，如图 2.3.12 所示。

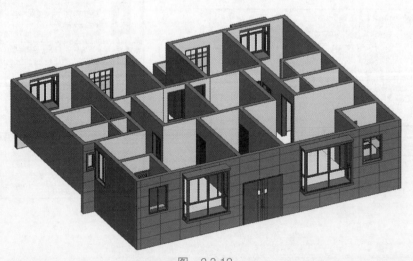

图 2.3.12

选择之前创建的所有门窗，以⑫轴线为镜像轴进行镜像，即完成一层的门窗创建。通过"修改"选项卡的"剪贴板"面板中的"复制"和"粘贴"命令，即可完成南方某多层住宅门窗的布置。

完成后保存至项目文件"实训项目 \ 模块 2　Revit 常规信息模型创建 \ 源文件 \2.3
门窗 \ 成果模型 \ 南方某多层住宅 - 门窗 .rvt",如图 2.3.13 所示。

图　2.3.13

2.3.4　任务评价

本任务强调课程考核与评价的整体性,采用过程性考核与结果性考核相结合的方式,
按照学生自评、学生互评和教师评阅相结合的原则,从出勤率、训练表现、训练内容质量
及成果、问题答辩四方面进行综合考核。最终任务成果的评分标准如表 2.3.2 所示。

表 2.3.2　评分标准

班级＿＿＿＿＿＿＿＿　　　　任课教师＿＿＿＿＿＿＿＿　　　　日期＿＿＿＿＿＿＿＿

序号	学生姓名	考核方式	评价内涵及能力要求				评分	权重	成绩
			出勤率	训练表现	训练内容质量及成果	问题答辩			
			只扣分不加分	20 分	60 分	20 分			
			1. 迟到一次扣 2 分,旷课一次扣 5 分 2. 缺课 1/3 学时以上,该专项能力不记分	1. 学习态度端正(10 分) 2. 积极思考问题、动手能力强(10 分)	1. 正确使用软件完成任务书要求(30 分) 2. 模型成果符合制图标准(30 分)	1. 解决实际存在的问题(10 分) 2. 结合实践、灵活运用(10 分)			
		学生自评						30%	
		学生互评						30%	
		教师评阅						40%	

实训任务 2.4 楼　板

2.4.1 任务目的

知识要求：在 Revit 2018 中，楼板是建筑物中的水平构件，用于分隔建筑各层空间，可以根据楼层边界轮廓及类型属性定义的结构生成任意结构和形状的楼板。

通过此次任务的学习，学生能够熟练运用 Revit 2018，掌握创建和编辑楼板的能力。

思政目的：通过熟悉创建和编辑楼板的能力，掌握不同结构形式建筑的楼板加入法，引导学生紧跟时代步伐，顺应实践发展，以满腔热忱对待一切新生事物，不断拓展认识的广度和深度，敢于说前人没有说过的新话，敢于干前人没有干过的事情。

2.4.2 任务要求

（1）以多层住宅为例，使用楼板工具建立住宅的楼板，如图 2.4.1 所示。

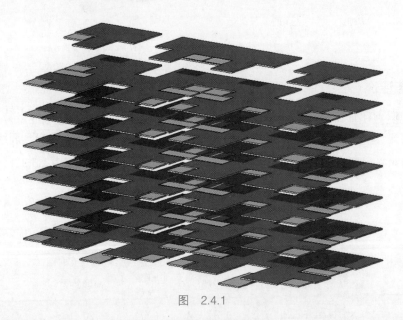

图　2.4.1

（2）以多层住宅为例，使用楼板工具绘制和编辑坡道，如图 2.4.2 所示。

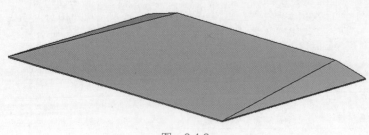

图　2.4.2

2.4.3　任务知识链接

Revit 提供了绘制楼板的三种方式：①楼板建筑，在建筑当前平面上创建楼板；②楼板结构，为了方便与 Revit Structure 结构板中的楼板接口而设计，与建筑楼板的区别是结构楼板可以布置钢筋，而建筑楼板不可以；③面楼板，用于概念体量模型中楼层换楼板图元，主要适用于体量模型。创建楼板应考虑楼板轮廓、结构做法及安放位置。

1. 创建楼板

单击"建筑"选项卡的"构建"面板中的"楼板"命令下的向下三角形按钮，如图 2.4.3 所示。

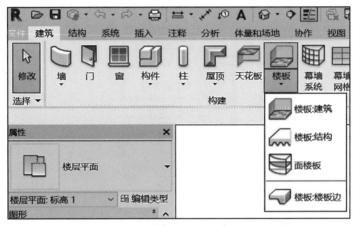

图　2.4.3

在弹出的下拉列表中单击"楼板：建筑"按钮，进入"修改 | 楼板 > 编辑边界"上下文选项卡，绘制楼板边界轮廓，如图 2.4.4 和图 2.4.5 所示。

图　2.4.4

图　2.4.5

楼板创建有三个功能命令："边界线""坡度箭头"和"跨方向"；楼板的边界线有三种创建方式："直线""拾取线"和"拾取墙"如图 2.4.6 和图 2.4.7 所示。

拾取墙是基于现有墙体，拾取墙体边线，在"选项栏" 偏移：-20.0 ☑延伸到墙中(至核心层) 中指定楼板边缘的"偏移"数值，同时勾选"延伸到墙中（至核心层）"复选框，拾取墙时将拾取到有涂层和构造层的复合墙的核心边界位置。编辑完成楼板轮廓后，需要单击"模式"面板中的"完成编辑模式" ✓ 按钮，退出楼板编辑命令，如图 2.4.8 所示。

图 2.4.6

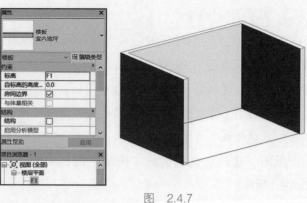

图 2.4.7

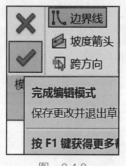

图 2.4.8

┃注意

　　楼板轮廓必须为一个或多个闭合轮廓。不同结构形式建筑的楼板加入法：框架结构楼板一般至外墙边；砖混结构为墙中心线；剪力墙结构为墙内边。要选择相连的相同墙体时，鼠标指针放至墙线，按 Tab 键高亮显示相连墙体，然后单击"确定"按钮，完成操作。

　　当楼板与墙相交时，Revit 会提示"是否希望连接几何图形并从墙中剪切重叠的体积？"，应单击"是"按钮，默认删除重叠的体积，如图 2.4.9 所示。

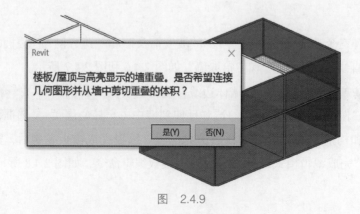

图 2.4.9

创建楼板边界的面板里的"坡度箭头"命令是用来绘制斜楼板的。斜楼板与平楼板的区别在于是否有坡度。可以设置"坡度箭头""边界线属性"和"修改子图元"来完成斜楼板的绘制。

单击需设置为斜楼板的楼板，选择"编辑边界"命令，进入楼板边界编辑，绘制坡度箭头，在"属性"面板中可以约束指定设置"尾高"或"坡度"。图 2.4.10 所示是指定"尾高"，设置楼板"最低处标高"与"最高处标高"的位置。

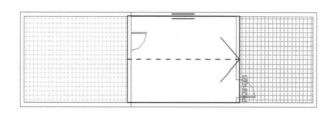

<草图> (1)		
约束		
指定	尾高	
最低处标高	F1	
尾高度偏移	0.0	
最高处标高	F2	
头高度偏移	0.0	

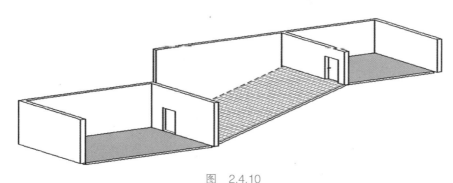

图 2.4.10

单击楼板，进入边界编辑，使用"边界线属性"命令，在"属性"面板中可以约束指定设置"标高"和"定义固定高度"。图 2.4.11 所示是指定"标高"，设置楼板两端的其一为边界线标高 F1，其二为边界线标高 F2。

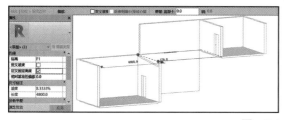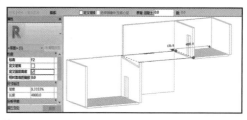

图 2.4.11

注意

两端边线需同时设置，设置楼板尾高处与头高处的相应标高或偏移值，否则设置无效。

"坡度箭头"和"边界线属性"的操作需要进入"编辑边界"才能设置斜楼板，而"修改子图元"不需要。

单击需要设置斜楼板的楼板，单击"形状编辑"面板中的"修改子图元"按钮，楼板边界线成为绿色虚线，其相交处出现绿色方点，单击方点或虚线，旁边有数值，直接修改其值，可改变其标高位置，如图 2.4.12 所示。

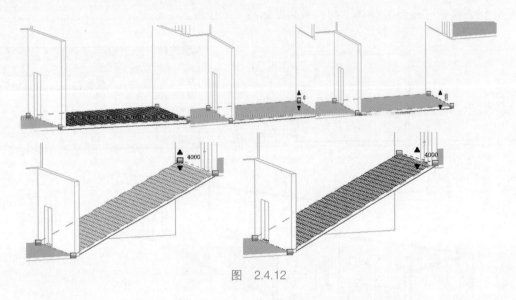

图　2.4.12

2. 编辑楼板

选中需要编辑构造做法的楼板，"属性"面板自动切换至楼板属性，单击"编辑类型"按钮，在弹出的"类型属性"对话框的左下角单击"预览"按钮，可直观知道当前楼板构造的做法，如图 2.4.13 所示。

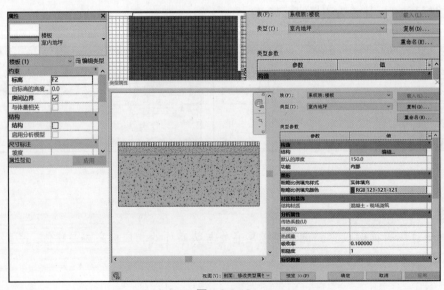

图　2.4.13

单击"类型属性"对话框中"构造"和"结构"的"编辑"选项,在弹出的"编辑部件"对话框里对楼板结构进行编辑。楼板的结构可以同墙的结构一样进行定义,同样提供 7 种楼板层功能,可以增加或删除面层,更改面层的功能、材质及厚度等,如图 2.4.14 所示。

编辑部件

族:	楼板
类型:	室内地坪
厚度总计:	150.0(默认)
阻力(R):	0.0000(m²·K)/W
热质量:	0.00 kJ/K

层

	功能	材质	厚度	包络	结构材质	可变
1	面层 1 [4]	陶瓷 - 地砖 -	10.0	☐	☐	☐
2	衬底 [2]	砂石 - 水泥砂	20.0	☐	☐	
3	**核心边界**	**包络上层**	0.0			
4	结构 [1]					☐
5	**核心边界**					

	功能	材质	厚度
1	面层 1 [4]	陶瓷 - 地砖 -	10.0
2	衬底 [2]	砂石 - 水泥砂	20.0
3	**核心边界**	**包络上层**	0.0
4	结构 [1]	混凝土 - 现场	120.0
5	衬底 [2] / **下层**		0.0
	保温层/空气层 [3]		
	面层 1 [4]		
	面层 2 [5]		
	涂膜层		
	压型板 [1]		

插入(I)　　　　　　　　　　　除(D)　　向上(U)

图　2.4.14

3. 复制楼板

选择需要复制的楼板,自动切换至"修改 | 楼板"上下文选项卡,在"剪贴板"面板中单击"复制到剪贴板"按钮,如图 2.4.15 所示。

修改　　选择 ▼　　属性　　粘贴　　剪贴板　　复制到剪贴板 (Ctrl+C)　　用于将选定图元复制

图　2.4.15

单击"剪贴板"面板中"粘贴"按钮下的向下三角形按钮,在弹出的下拉列表中单击"与选定的标高对齐"按钮,接着在弹出的"选择标高"对话框中选择需要安放楼板的标高,楼板自动复制到所选楼层,如图 2.4.16 所示。

图　2.4.16

4. 楼板边

楼板边如同墙体的"墙饰条"和"分割线"一样，属于主体放样，其放样的主体为楼板。阳台板下的滴檐、建筑分层装饰条等都可以用楼板边绘制。入户台阶也可以用楼板边绘制。

先绘制一个台阶截面轮廓族。新建族："文件"→"新建"→"族"；选择样板文件"公制轮廓"，如图 2.4.17 所示。绘制完截面轮廓，单击"载入到项目"按钮。

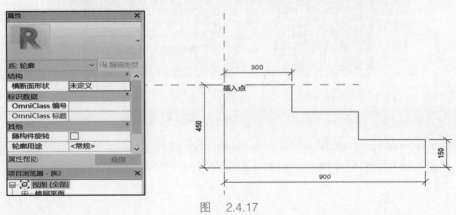

图　2.4.17

单击"建筑"选项卡的"构建"面板中的"楼板"命令下的向下三角形按钮，在弹出的下拉列表中选择"楼板：楼板边"命令，在楼板的"属性"面板中单击"编辑类型"按钮进入"类型属性"对话框，复制一个楼板边缘，在"构造"→"轮廓"中选择载入到项目中的楼板边族，如图 2.4.18 所示。

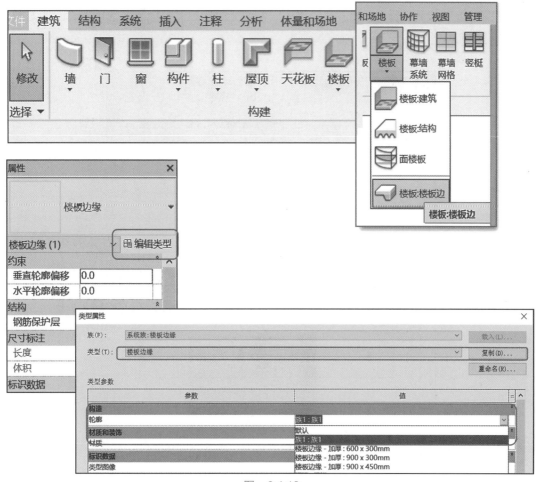

图　2.4.18

选择相应的楼板边，如图 2.4.19 所示。

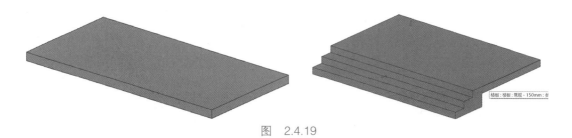

图　2.4.19

5. 楼板的排水绘制

有些平楼板的顶面需要做排水坡度设计，而底部依然是平的，如卫生间楼板的地漏处要低于周边，以方便排水。在 Revit 中通过添加点和线等子图元，编辑其相对高度来实现。

选择需要做排水坡度设计的楼板，在"修改｜楼板"上下文选项卡的"模式"面板中选择"编辑边界"工具按钮，或者双击进入"修改｜编辑边界"上下文选项卡，添加地漏，如图 2.4.20 所示。

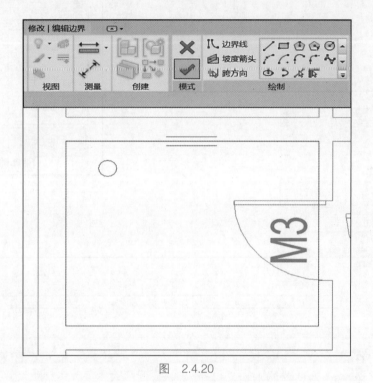

图　2.4.20

单击"修改子图元"工具按钮，修改地漏标高，如图 2.4.21 所示。

图　2.4.21

单击地漏修改高程点，输入相应的高度值。两边都要修改高程值，完成设置，如图 2.4.22 所示。

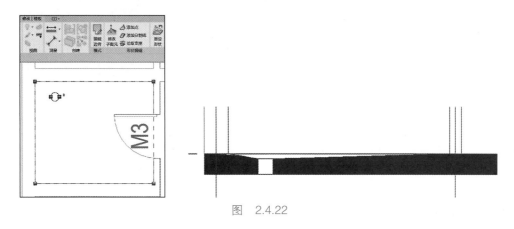

图 2.4.22

2.4.4 任务操作方法与步骤

1. 根据 CAD 图纸绘制南方某多层住宅的楼板

1）编辑楼板层构造

单击"建筑"选项卡的"构建"面板中的"楼板"命令下的向下三角形按钮，在弹出的下拉列表中选择"楼板：建筑"命令，在"属性"面板中选择任意楼板类型，单击"编辑类型"按钮进入"类型属性"对话框，复制现选楼板类型并重命名为"住宅室内楼板120"。

依次选择"类型参数"→"结构"→"编辑"命令，进入"编辑部件"对话框编辑楼板层构造，如图 2.4.24 所示。

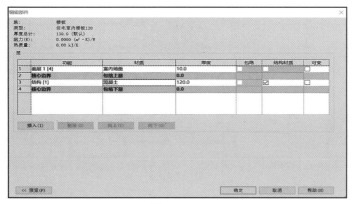

图 2.4.24

2）绘制楼板边界

选择"修改│创建楼层边界"上下文选项卡的"绘制"面板中的"直线"命令，沿墙体创建楼板的边界线，再单击"模式"面板中的"完成编辑模式" ✔ 按钮，完成室内建筑楼板的构建，如图 2.4.25 所示。

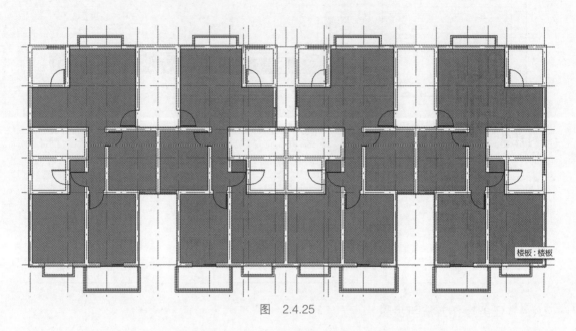

图　2.4.25

卫生间与厨房的建筑楼板原则上要比其他房间低，所以需要分开绘制，方法与其他房间绘制方法一样，只是"构造结构"和"自标高的高度偏移"需要调整，最后完成卫生间与厨房建筑楼板的绘制，如图 2.4.26 所示。

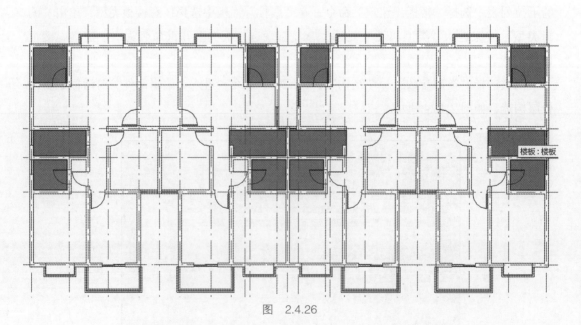

图　2.4.26

2. 根据 CAD 图纸绘制坡道

本案例住宅入口坡道是两侧带坡度的坡道，一般采用楼板的"形状编辑"的方式进行创建。

单击"建筑"选项卡的"构建"面板中的"楼板"命令下的向下三角形按钮，在弹出的下拉列表中选择"楼板：建筑"命令，在"属性"面板中选择楼板类型为"室外楼板"。按设计所需绘制坡道尺寸，尺寸如图 2.4.27 所示。

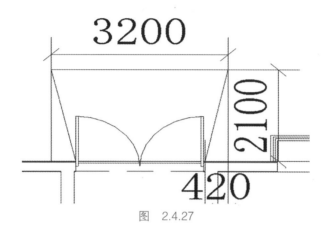

图　2.4.27

楼板绘制完成后，在"建筑"选项卡的"工作平面"面板中单击"参照 平面"工具按钮，确定需要添加点的位置，如图 2.4.28 所示。

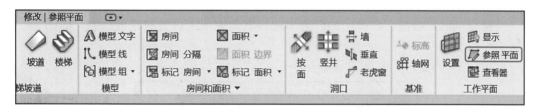

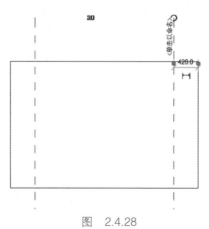

图　2.4.28

再单击楼板，将自动切换至"修改｜楼板"上下文选项卡，在"形状编辑"面板中单击"添加点"工具按钮，如图 2.4.29 所示。

图　2.4.29

给楼板适当的位置添加点，并输入相应高程，也就是坡道底与顶的高程值，四角点高程值为 –100，添加点为 0，单位为"mm"，如图 2.4.30 所示。

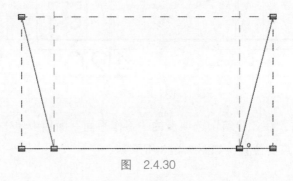

图　2.4.30

设置完成后，右击，在弹出的列表中选择取消完成入口处坡道的绘制，如图 2.4.31 所示。

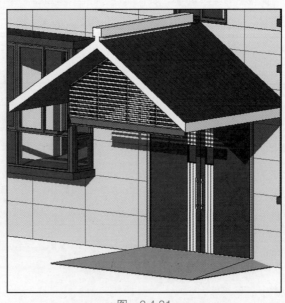

图　2.4.31

用楼板编辑坡道时，要注意在编辑楼板构造时，在"构造"的"编辑部件"里"可变"复选框是否勾选。二者的区别如图 2.4.32 所示。上图"可变"未勾选，坡道为空心；下图"可变"已勾选，坡道为实心。

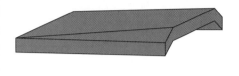

图　2.4.32

完成后保存至项目文件"实训项目\模块 2　Revit 常规信息模型创建\源文件\2.4 楼板\成果模型\南方某多层住宅 - 楼板 .rvt"。

2.4.5　任务评价

本任务强调课程考核与评价的整体性，采用过程性考核与结果性考核相结合的方式，按照学生自评、学生互评和教师评阅相结合的原则，从出勤率、训练表现、训练内容质量及成果、问题答辩四方面进行综合考核。最终任务成果的评分标准如表 2.4.1 所示。

表 2.4.1　评分标准

班级_____　　　　　任课教师_____　　　　　日期_____

序号	学生姓名	考核方式	评价内涵及能力要求				评分	权重	成绩
			出勤率	训练表现	训练内容质量及成果	问题答辩			
			只扣分不加分	20 分	60 分	20 分			
			1. 迟到一次扣 2 分，旷课一次扣 5 分 2. 缺课 1/3 学时以上，该专项能力不记分	1. 学习态度端正（10 分）2. 积极思考问题、动手能力强（10 分）	1. 正确使用软件完成任务书要求（30 分）2. 模型成果符合制图标准（30 分）	1. 解决实际存在的问题（10 分）2. 结合实践、灵活运用（10 分）			
		学生自评						30%	
		学生互评						30%	
		教师评阅						40%	

实训任务 2.5　屋顶和洞口

2.5.1　任务目的

知识要求：屋顶是房屋或构筑物外部的顶盖，是建筑的重要组成部分。建筑屋顶形式多样，Revit 2018 提供了屋顶的多种建模工具，通过各种屋顶命令，可以快速创建复杂的屋顶形状。

在建筑构件中，有些构件上是需要开洞口来设定特定空间的。在软件中，可以通过编辑物体轮廓线来实现开洞口的设计，也可以使用专用的"洞口"命令来创建洞口。

（1）通过此次任务的学习，学生能够熟练运用 Revit 2018，掌握创建和编辑屋顶的能力。

（2）通过此次任务的学习，学生能够熟练运用 Revit 2018，掌握创建和编辑洞口的能力。

思政目的：通过掌握创建和编辑屋顶、洞口的能力，认识到坡度箭头尾部的屋面迹线不能是定义坡度的迹线，坡度箭头的尾部必须在定义边界的迹线上，引导学生认知没有规矩不成方圆，要清清白白做人、干干净净做事，增强学生的是非鉴别能力，进一步提高学生的规则意识和法治观念。

2.5.2　任务要求

（1）以多层住宅为例，创建南方某多层住宅的屋顶，以完成建筑信息模型屋顶的绘制，如图 2.5.1 所示。

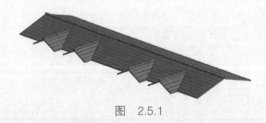

图　2.5.1

（2）以多层住宅为例，创建南方某多层住宅屋顶的竖井洞口，以完善建筑信息模型屋顶的绘制，如图 2.5.2 所示。

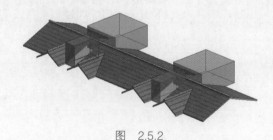

图　2.5.2

（3）以多层住宅为例，使用拉伸屋顶创建住宅入户屋顶，以完善建筑信息模型屋顶的绘制，如图 2.5.3 所示。

图　2.5.3

2.5.3　任务知识链接

1. 屋顶

1）绘制屋顶

Revit 提供了绘制屋顶的四种方式：①迹线屋顶，在建筑当前平面绘制闭合线段为建筑屋顶边界迹线创建屋顶，用于常规坡屋顶和平屋顶；②拉伸屋顶，通过拉伸绘制的轮廓线来创建屋顶，用于有规则断面的屋顶；③面屋顶，使用非垂直的体量面创建屋顶，用于异形曲面屋顶；④玻璃斜窗，用于玻璃采光屋顶。

（1）迹线屋顶

迹线屋顶与楼板的创建方法相似，单击"建筑"选项卡的"构建"面板中的"屋顶"命令下的向下三角形按钮，如图 2.5.4 所示。

图　2.5.4

在弹出的下拉列表中单击"屋顶：迹线屋顶"工具按钮，进入"修改 | 创建屋顶迹线"上下文选项卡，绘制屋顶边界轮廓线，如图 2.5.5 所示。

图　2.5.5

"边界线"可用"拾取墙""拾取线"和"直线"方式绘制，一般常用"拾取墙" [icon] 命令绘制。鼠标指针放置外墙上待选，使用 Tab 键可一次性选中外墙，单击生成屋顶边界线。边界轮廓线如有相交或未闭合，使用"修改"面板内的命令编辑成闭合的线段。

屋顶迹线的属性编辑：定义坡度、悬挑和坡度。

① 定义坡度，屋顶边界默认是自带定义坡度的，"选项栏"中"定义坡度"复选框是勾选的状态。取消勾选"定义坡度"复选框即可绘制平屋顶。

② 悬挑，指的是挑檐，屋面挑出外墙的值。

③ 坡度，屋面坡度的绘制可以用画坡度箭头和定义边界线坡度两种方式。

画坡度箭头的方式如图 2.5.6 所示。

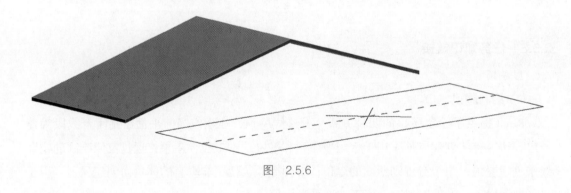

图　2.5.6

注意

坡度箭头尾部的屋顶迹线不能是定义坡度的迹线，坡度箭头的尾部必须在定义边界的迹线上。

定义边界线的坡度如图 2.5.7 所示。编辑屋顶坡度定义迹线的坡度。可直接单击坡度值修改，也可以在"尺寸标注 | 坡度"属性栏修改坡度值。

（2）拉伸屋顶

绘制拉伸屋顶，单击"建筑"选项卡的"构建"面板中的"屋顶"命令下的向下三角形按钮，在弹出的下拉列表中选择"拉伸屋顶"工具，进入绘制轮廓线草图模式，如图 2.5.8 所示。

在弹出的"工作平面"对话框中指定工作平面，选择相应的轴网或参照平面，也就是一个绘制屋顶轮廓线的平面。单击北面的墙，以此墙作为基准，如图 2.5.9 所示。

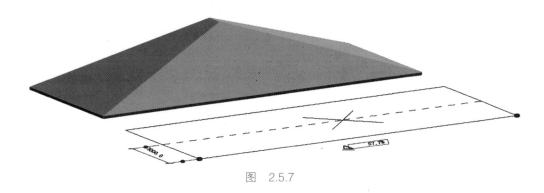

图　2.5.7

图　2.5.8

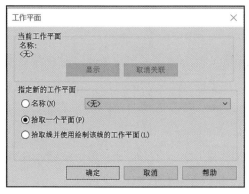

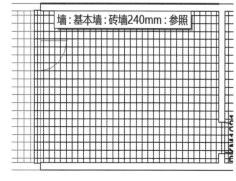

图　2.5.9

　　此时弹出的对话框中列举了与此墙平行的所有已命名的视图，再选择工作视图，在"转到视图"对话框中选择操作视图。选中"立面：南立面"，单击"打开视图"按钮，软件切换至南立面视图，在"屋顶参照标高和偏移"对话框中选择屋顶的基准标高，如图 2.5.10 所示。

　　用"起点 - 终点 - 半径弧"工具创建拉伸屋顶的轮廓，最后完成编辑模式，如图 2.5.11 所示。

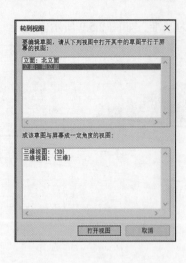
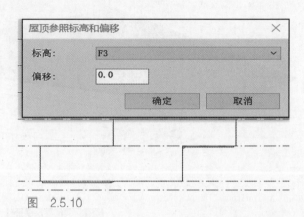

图 2.5.10

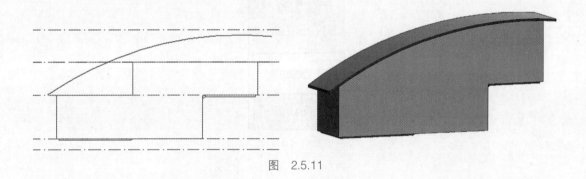

图 2.5.11

▌注意

不需要使轮廓闭合即可生成屋顶，这是拉伸屋顶的特点。用附着或者编辑墙轮廓的方式连接屋顶和墙。

（3）面屋顶

单击"建筑"选项卡的"构建"面板中的"屋顶"命令下的向下三角形按钮，在弹出的下拉列表中选择"面屋顶"工具，进入"修改│放置面屋顶"上下文选项卡，在"多重选择"面板中单击"选择多个"按钮，选择拾取需要放置屋顶的体量图元，再单击"创建屋顶"按钮完成面屋顶的创建，如图 2.5.12 所示。

（4）玻璃斜窗

选择"建筑"选项卡的"构建"面板中的"屋顶"命令，在左侧"属性"面板的"类型选择器"的下拉列表中选择"玻璃斜窗"工具，再单击"属性"面板中的"编辑类型"按钮进入"类型属性"对话框，修改类型参数，完成玻璃斜窗的绘制，如图 2.5.13 所示。

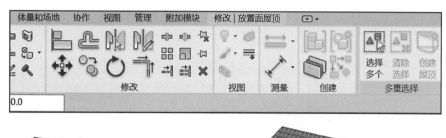

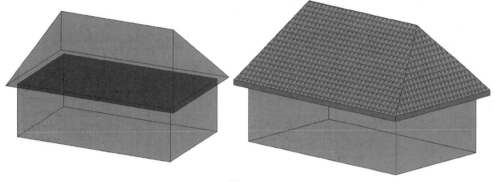

图　2.5.12

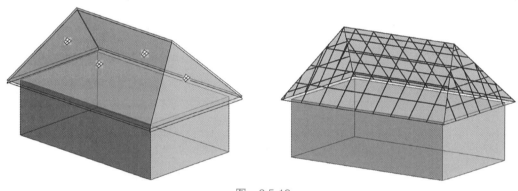

图　2.5.13

2）编辑屋顶

（1）屋顶实例属性

属性修改：在"属性"面板中可以修改所选屋顶的底部标高、截断偏移、截断标高、椽截面和坡度角等；单击"编辑类型"按钮，在弹出的"类型属性"对话框中可以设置屋顶的构造（结构、材质、厚度）和图形（粗略比例、填充样式）等，如图 2.5.14 所示。

（2）屋顶特殊类型编辑

现代建筑中常设计采光的透明屋顶，其创建方法与常规屋顶一样，只是在类型上选择用"玻璃斜窗"。

创建编辑方法与幕墙的编辑方法相同，如图 2.5.15 所示。

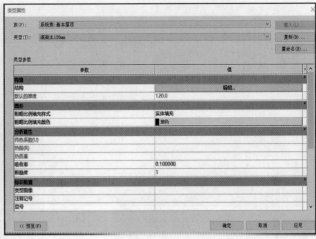

图　2.5.14

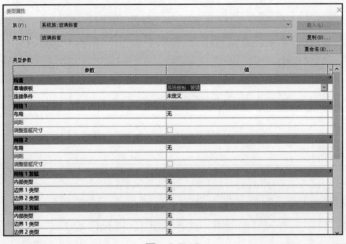

图　2.5.15

（3）墙体与屋顶附着

选中墙体后，自动切换至"修改｜墙"上下文选项卡，在"修改墙"面板中单击"附着 顶部/底部"工具按钮，在视图中选择屋顶，随后墙体会自动地延伸至屋顶，如图 2.5.16 所示。

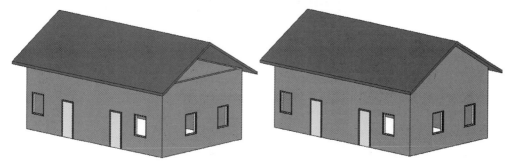

图　2.5.16

2. 洞口

在 Revit 2018 软件中，可以通过编辑楼板、屋顶和墙体的轮廓来实现洞口，也可以用软件提供的专门的"洞口"命令来创建面洞口、垂直洞口、竖井洞口和老虎窗洞口等。

1）竖井洞口

选择"竖井洞口"命令，可以创建一个跨多个标高的垂直洞口，可以同时剪切屋顶、楼板或天花板的面。在主体图元楼板上绘制竖井，完成楼板竖井的编辑，如图 2.5.17 所示。

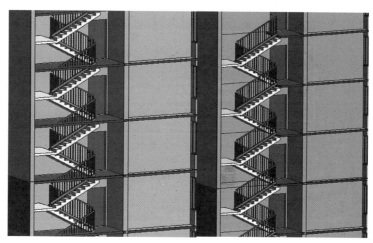

图　2.5.17

单击"建筑"选项卡的"洞口"面板中的"竖井"按钮，将自动切换至"修改｜竖井洞口 > 编辑草图"上下文选项卡，使用"边界线"中的"直线"工具绘制竖井轮廓，再在"属性"面板中设置竖井底部与顶部约束高度来完成竖井洞口的创建，如图 2.5.18 所示。

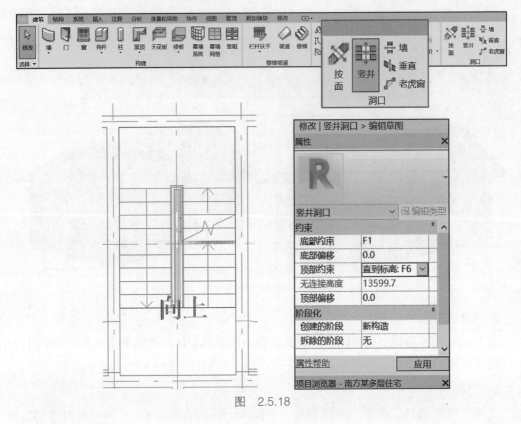

图 2.5.18

2）老虎窗洞口

老虎窗又叫屋顶窗，用于透光和空气流通，开设在屋顶上。沿着老虎窗屋顶绘制三面矮墙。在相应的屋顶平面用"迹线屋顶"工具创建双坡屋顶，如图 2.5.19 所示。

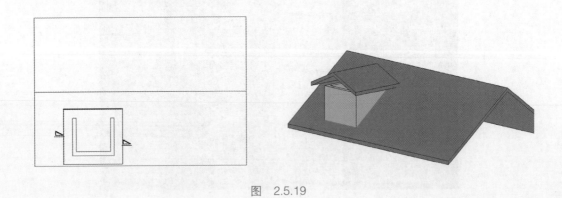

图 2.5.19

▌注意

绘制完成的老虎窗屋顶应低于大屋顶，可以在"属性"面板中设置老虎窗屋顶的约束高度及坡度。

将墙体与两个屋顶分别进行附着处理，将老虎窗屋顶与主屋顶进行"连接屋顶"处理，如图 2.5.20 所示。

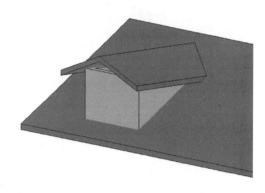

图　2.5.20

单击"建筑"选项卡的"洞口"面板中的"老虎窗"命令按钮，选择需要创建洞口的大屋顶，将模型显示样式设为"线框"模式，方便选取老虎窗墙体及屋顶的内侧边缘，使用"修改"面板中的"修改 / 延伸单个图元"工具闭合所选线段，如图 2.5.21 所示。

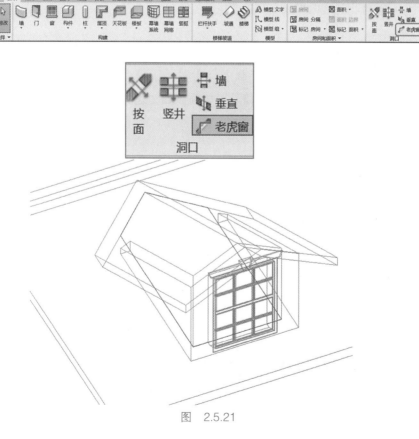

图　2.5.21

单击"模式"面板中的"完成编辑模式" ✔ 按钮，完成老虎窗洞口的创建，如图 2.5.22 所示。

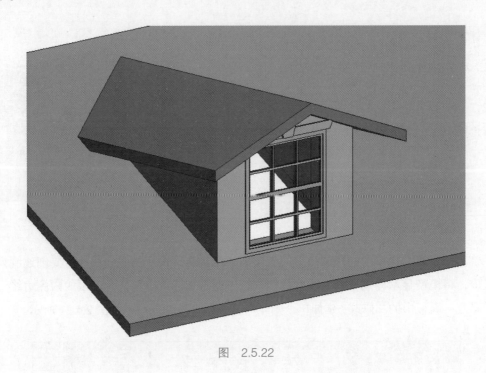

图 2.5.22

2.5.4 任务操作方法与步骤

1. 根据 CAD 图纸绘制南方某多层住宅的屋顶

本案例中屋顶有两种类型，坡屋顶与平屋顶，如图 2.5.23 所示，创建时需设置两种屋顶的构造方法。

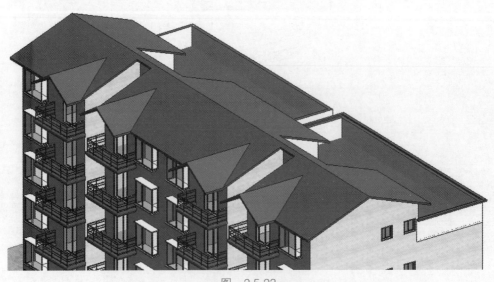

图 2.5.23

1）编辑屋顶层构造

单击"建筑"选项卡的"构建"面板中的"屋顶"命令下的向下三角形按钮，在弹出的下拉列表中单击"迹线屋顶"按钮，设定屋顶所在平面层，在"属性"面板中选择任意屋顶类型，单击"编辑类型"按钮进入"类型属性"对话框，复制现选屋顶类型并重命名为"住宅坡屋顶"。再复制编辑一种平屋顶的构造，并重命名为"住宅平屋顶"。

依次选择"类型参数"→"结构"→"编辑"命令，进入"编辑部件"对话框编辑平屋顶与坡屋顶构造，如图 2.5.24 所示。

图　2.5.24

2）绘制屋顶边界

平屋顶的创建：单击"修改｜创建屋顶迹线"上下文选项卡的"绘制"面板中的"拾取墙"工具按钮，创建平屋顶的边界线，在"选项栏"中取消勾选"定义坡度"复选框，"悬挑"设为"0"，勾选"延伸到墙中（至核心层）"复选框，拾取墙体生成平屋顶轮廓线。再单击"模式"面板中的"完成编辑模式" ✔ 按钮，完成平屋顶的创建，如图 2.5.25 所示。

坡屋顶的创建：单击"修改｜创建屋顶迹线"上下文选项卡的"绘制"面板中的"拾取墙"工具按钮，创建坡屋顶的边界线，在"选项栏"中勾选"定义坡度"复选框，"悬挑"设为"600"，拾取墙体生成坡屋顶轮廓线。查看图纸，哪些边是需要"定义坡度"的，哪些边是需要绘制"坡度箭头"的，如图 2.5.26 所示。

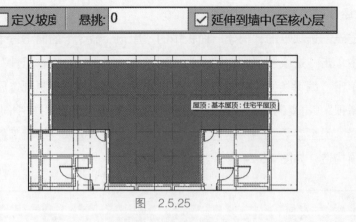

图　2.5.25

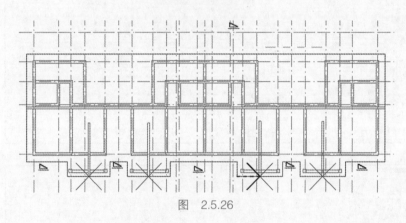

图　2.5.26

单击"模式"面板中的"完成编辑模式" ✅ 按钮，完成坡屋顶大体模型的创建，如图 2.5.27 所示。

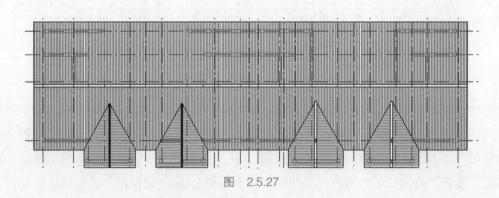

图　2.5.27

3）绘制屋脊

单击"结构"选项卡的"结构"面板中的"梁"工具按钮，在"属性"面板的"类型选择器"的下拉列表中选择梁的类型为"屋脊"→"屋脊线"，将视图切换至默认三维视图，方便放置屋脊。在"选项栏"中勾选"三维捕捉"复选框，在"属性"面板中将"Z轴对正"设为"底"，设置如图 2.5.28 所示。在三维视图中单击捕捉屋脊两端，绘制屋脊。

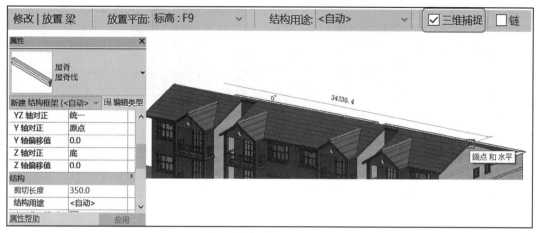

图　2.5.28

绘制完的屋脊还需要和屋顶连接在一起，单击"修改"选项卡的"几何图形"面板中的"连接"命令下的向下三角形按钮，在弹出的下拉列表中单击"连接几何图形"工具按钮，在三维视图中选择屋顶与屋脊，完成二者的连接。如图 2.5.29 所示，图左为未连接的状态，图右为已连接的状态。按 Esc 键结束连接命令，完成屋脊的绘制。

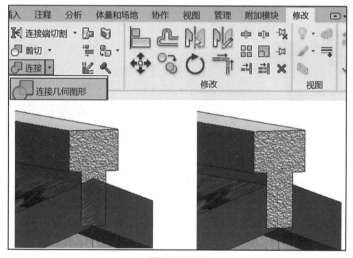

图　2.5.29

2. 根据 CAD 图纸在南方某多层住宅的屋顶处绘制竖井

屋顶大体模型已经绘制完成，再看哪些部分需要用"竖井"，则减去多余部分，在"属性"面板中设置底部偏移与顶部约束，如图 2.5.30 所示。完成整体坡屋顶的创建，如图 2.5.31 所示。

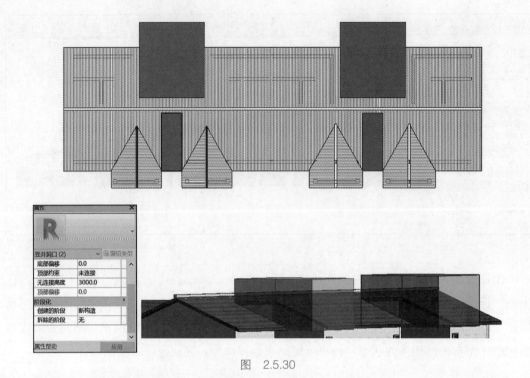

图　2.5.30

图　2.5.31

3. 根据 CAD 图纸绘制住宅门头

选择 "项目浏览器" 的 "楼层平面" 下拉列表中的 "F1" 视图，打开一层平面图，单击 "建筑" 选项卡的 "工作平面" 面板中的 "参照 平面" 工具按钮，绘制参照平面，如图 2.5.32 所示。

单击 "建筑" 选项卡的 "构建" 面板中 "屋顶" 命令下的向下三角形按钮，在弹出的下拉列表中单击 "拉伸屋顶" 工具按钮，弹出 "工作平面" 对话框，提示设置工作平面，如图 2.5.33 所示。

选择 "拾取一个平面"，单击 "确定" 按钮进入平面视图，选择离外墙 2800mm 的参照平面线，如图 2.5.34 所示。进入 "转到视图" 对话框，选择 "立面：北立面" 后，单击 "打开视图" 按钮，在弹出的 "屋顶参照标高和偏移" 对话框中选择 "F1" 后进入北立面视图，如图 2.5.35 所示。

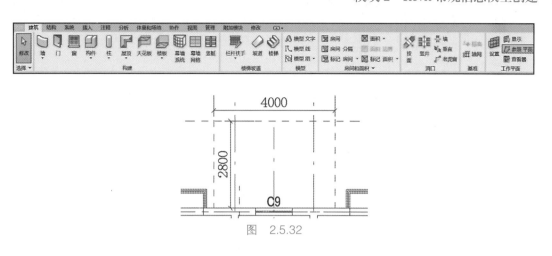

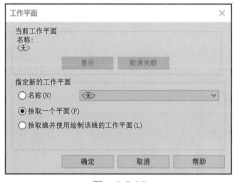

图　2.5.32

图　2.5.33

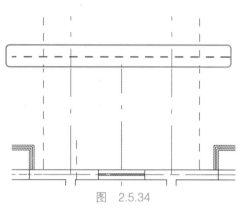

图　2.5.34

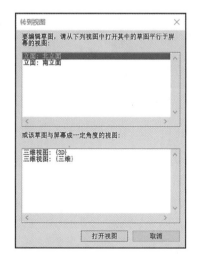

图　2.5.35

　　在北立面视图中住宅门头处可以看到两根竖向的参照平面线，这是刚在 F1 视图中绘制的参照平面的投影线，通过绘制一根参照平面线在北立面上来创建屋顶时定位，如图 2.5.36 所示。

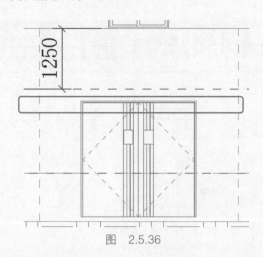

图 2.5.36

单击"修改｜创建拉伸屋顶轮廓"上下文选项卡的"绘制"面板中的"直线"工具按钮，在北立面视图中创建屋顶的截面轮廓线，如图 2.5.37 所示。在"属性"面板中选择"坡屋顶"，单击"模式"面板中的"完成编辑模式" ✔ 按钮，完成住宅门头坡屋顶体量的创建，如图 2.5.38 所示。

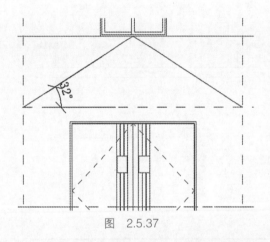

图 2.5.37

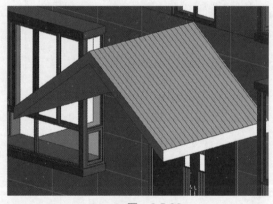

图 2.5.38

按上面所讲的方式给拉伸屋顶加屋脊后，再绘制两根建筑柱。单击"建筑"选项卡的"构建"面板中的"柱"工具按钮，将自动切换至"修改｜放置柱"上下文选项卡，在"属性"面板中选择合适的建筑柱，放置在适当的位置。然后选好放置的柱子进入"修改｜放置柱"上下文选项卡，单击"修改柱"面板中的"附着 顶部/底部"工具按钮，再在视图中单击需要附着到的屋顶，完成柱子的绘制。完成效果如图 2.5.39 所示。

单击"建筑"选项卡的"构建"面板中的"墙"工具按钮，给住宅门头加一扇装饰幕墙，在"属性"面板中选择"幕墙百叶"，设置如图 2.5.40 所示。在一层平面视图绘制完幕墙回到三维视图，选择绘制的幕墙编辑其轮廓，如图 2.5.41 所示，完成幕墙百叶的绘制。

图　2.5.39

图　2.5.40

图　2.5.41

　　保存至项目文件"实训项目 \ 模块 2　Revit 常规信息模型创建 \ 源文件 \2.5　屋顶和洞口 \ 成果模型 \ 南方某多层住宅 - 屋顶和洞口 .rvt"。

2.5.5　拓展习题

　　根据所给的平面图、立面图（见图 2.5.42）及要求，完成屋顶绘制。

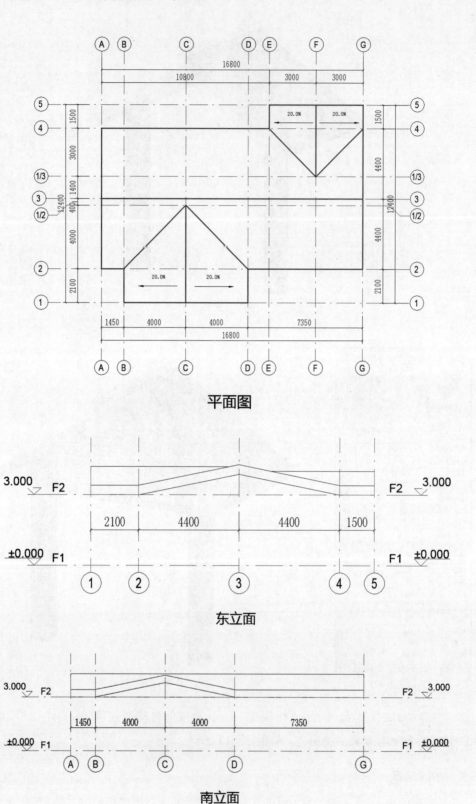

平面图

东立面

南立面

图 2.5.42

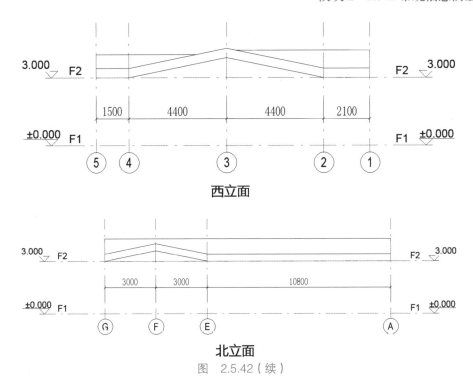

图　2.5.42（续）

2.5.6　任务评价

　　本任务强调课程考核与评价的整体性，采用过程性考核与结果性考核相结合的方式，按照学生自评、学生互评和教师评阅相结合的原则，从出勤率、训练表现、训练内容质量及成果、问题答辩四方面进行综合考核。最终任务成果的评分标准如表 2.5.1 所示。

表 2.5.1　评分标准

班级＿＿＿＿＿＿＿＿　　　任课教师＿＿＿＿＿＿＿＿　　　日期＿＿＿＿＿＿＿＿

序号	学生姓名	考核方式	评价内涵及能力要求				评分	权重	成绩
			出勤率	训练表现	训练内容质量及成果	问题答辩			
			只扣分不加分	20 分	60 分	20 分			
			1. 迟到一次扣2分，旷课一次扣5分 2. 缺课 1/3 学时以上，该专项能力不记分	1. 学习态度端正（10分） 2. 积极思考问题、动手能力强（10分）	1. 正确使用软件完成任务书要求（30分） 2. 模型成果符合制图标准（30分）	1. 解决实际存在的问题（10分） 2. 结合实践、灵活运用（10分）			
		学生自评						30%	
		学生互评						30%	
		教师评阅						40%	

实训任务 2.6 楼梯、扶手和坡道

2.6.1 任务目的

知识要求：楼梯是建筑中一个非常重要的构件。在 Revit 2018 中，可以通过定义楼梯梯段或绘制踢面线和边界线的方式来绘制楼梯。

扶手也是非常重要的构件，常附着到楼梯、坡道和楼板上，也可以作为独立构件添加到楼层中。

坡道的创建和编辑方法类似于楼梯。

通过此次任务的学习，学生能够熟练运用 Revit 2018，掌握绘制与编辑楼梯、扶手和坡道的能力。

思政目的：通过掌握绘制与编辑楼梯、扶手和坡道的能力，知道绘制梯段时，下方会提示创建了多少踢面，还剩下多少踢面，引导学生认知团结就是力量，团结才能胜利，一个团队的力量远大于一个人的力量，培养学生团结、互助、友爱的道德品质。

2.6.2 任务要求

（1）以南方某多层住宅为例，创建住宅的室内楼梯。楼梯样式如图 2.6.1 所示。

（2）以南方某多层住宅为例，创建住宅的阳台栏杆。阳台样式如图 2.6.2 所示。

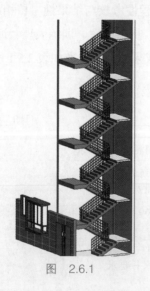

图 2.6.1   图 2.6.2

2.6.3 任务知识链接

1. 楼梯

楼梯由楼梯段、平台和栏杆扶手等组成，编辑其尺寸和材质可以组合成各式各样的楼梯样式，如图 2.6.3 所示。

软件界面中的绿线：踏步和平台边界。

软件界面中的蓝线：楼梯路径线。

软件界面中的黑线：踢面线。

软件界面中底部灰显文字：系统提示。

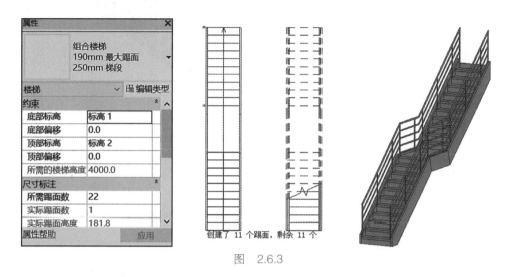

图　2.6.3

从样式来说，楼梯可分为标准楼梯和异形楼梯两种。标准楼梯是由楼梯构件装配而成，而异形楼梯是通过草图形式更改标准楼梯和绘制其边界轮廓形状而成。

1）标准楼梯

（1）直梯

单击"建筑"选项卡的"楼梯坡道"面板中的"楼梯"按钮，将自动切换至"修改 | 创建楼梯"上下文选项卡，如图 2.6.4 所示。

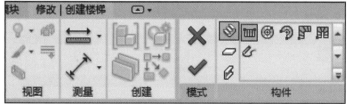

图　2.6.4

在"构件"面板中单击"梯段"工具按钮，在视图中单击捕捉梯段起点和终点位置绘制楼梯梯段。楼梯扶手自动生成，如图 2.6.5 所示。

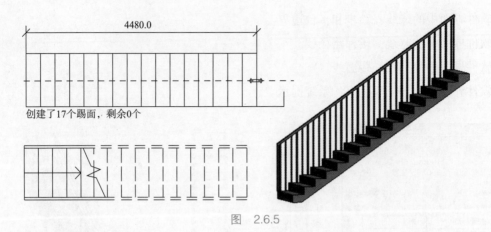

图 2.6.5

▌注意

绘制梯段时，下方会提示创建了多少踢面，还剩下多少踢面。

在楼梯"选项栏"中设置楼梯的"定位线"和"实际梯段宽度"，勾选"自动平台"复选框，如图 2.6.6 所示。

| 定位线: 梯段: 中心 ∨ | 偏移: 0.0 | 实际梯段宽度: 1000.0 | ☑自动平台 |

图 2.6.6

在"属性"面板中，可以选择不同的楼梯类型。单击"编辑类型"按钮，在弹出的"类型属性"对话框中设置类型属性参数：踏板、踢面和梯段等的位置、高度、厚度尺寸、材质、文字、楼梯宽度、标高和偏移等参数，系统自动计算实际的踏步高和踏步数，单击"确定"按钮，如图 2.6.7 所示。

图 2.6.7

（2）双跑楼梯

双跑楼梯属性的设置与直梯一样，在绘制前需要创建好起点和终点的参照线，以及休息平台位置。单击"建筑"选项卡的"工作平面"面板中的"参照平面"工具按钮，绘制参照线，完成楼梯绘制，如图 2.6.8 所示。

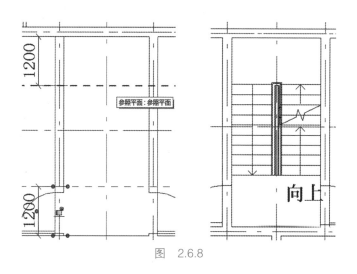

图　2.6.8

大部分标准层楼梯完全相同，所以只需要在"修改｜楼梯"上下文选项卡的"多层楼梯"面板中选择"选择标高"命令，进入任意立面视图，选择需要添加楼梯的平面标高线，在"修改｜多层楼梯"上下文选项卡的"模式"面板中单击"完成编辑模式" ✔按钮，完成楼梯的绘制，如图 2.6.9 所示。

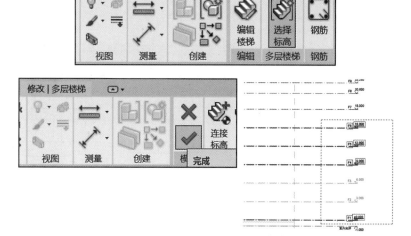

图　2.6.9

2）异形楼梯

异形楼梯是指楼梯梯段和平台的造型并非直线，如图 2.6.10 所示。

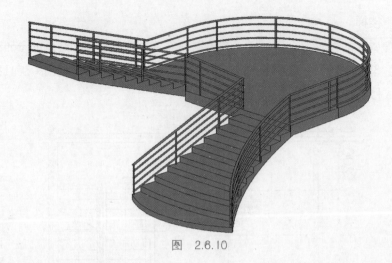

图 2.6.10

单击标准楼梯，将自动切换至"修改｜楼梯"上下文选项卡，选择"编辑"面板中的"编辑楼梯"命令，选择标准梯段或平台，转换成"编辑草图"模式，进入"修改｜创建楼梯 > 绘制平台"或"修改｜创建楼梯 > 绘制梯段"上下文选项卡，编辑边界轮廓或踢面线轮廓，如图 2.6.11 和图 2.6.12 所示。

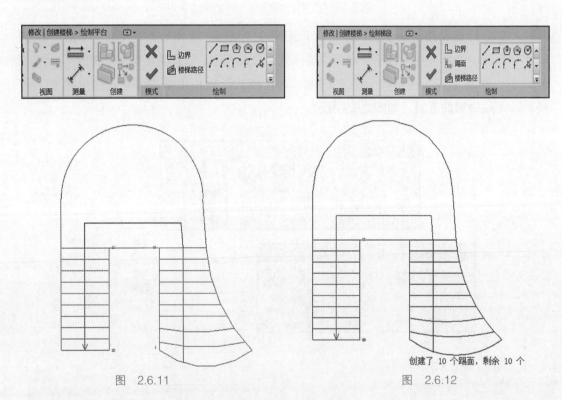

图 2.6.11　　　　　　　　　　　　　　图 2.6.12

‖注意

在绘制楼梯踏面时，楼梯路径应该连接起点和终点的踢面，并穿过其他所有踢面，否则系统会弹出错误，如图 2.6.13 所示。

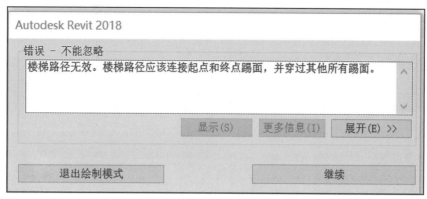

图　2.6.13

2. 扶手

扶手是放置在主体上，可以直接在楼梯或梯边梁上放置需要的扶手，其包括的主要设置有：栏杆扶栏（顶部扶栏、普通扶栏）、支柱（起点支柱、终点支柱、转角支柱、中间支柱）和栏杆嵌板，如图 2.6.14 所示。

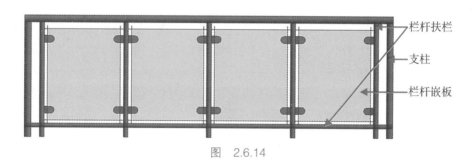

图　2.6.14

1）扶手的创建

扶手的创建方式有绘制线、拾取线和拾取新主体三种方式。

单击"建筑"选项卡的"楼梯坡道"面板中的"栏杆扶手"工具按钮，单击"绘制路径"按钮进入"修改｜创建栏杆扶手路径"上下文选项卡，使用"绘制"面板中的"线"可以绘制扶手路径线，或使用"拾取线"命令拾取主体物轮廓线。扶手的路径线可以是封闭的，也可以是开放的，但必须是连续的，不能是断开的。创建扶手路径后单击"模式"面板中的"完成编辑模式" ✔ 按钮，完成扶手路径的创建，如图 2.6.15 所示。

 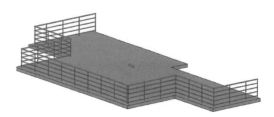

图　2.6.15

注意

扶手与楼板等构件的边线间一般都有一定距离,因而在绘制线或拾取线时,注意"选项栏"中 偏移: 0.0 □锁定 的设定。

单击"栏杆扶手"命令下的"放置在楼梯 / 坡道上"按钮，选择扶手安放位置——踏板或梯边梁，单击楼梯，完成扶手的绘制，如图 2.6.16 所示。

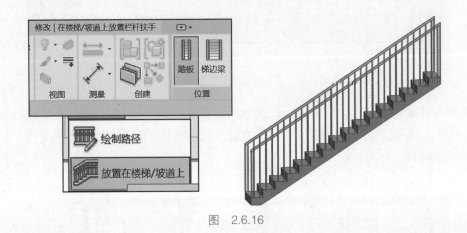

图　2.6.16

2）扶手的编辑

（1）选择扶手，然后单击"修改栏杆扶手"选项卡的"模式"面板中的"编辑路径"工具按钮，编辑扶手轮廓位置。

（2）属性编辑：自定义扶手。单击"插入"选项卡的"从库中载入"面板中的"载入族"工具按钮，依次单击"建筑"→"栏杆扶手"文件夹，载入需要的扶手、栏杆族，如图 2.6.17 所示。

图　2.6.17

图　2.6.17（续）

单击"建筑"选项卡的"楼板坡道"面板中的"栏杆扶手"工具按钮，在"属性"面板中单击"编辑类型"按钮，弹出"类型属性"对话框，编辑类型属性，包括栏杆扶手高度、扶栏结构、栏杆位置和栏杆偏移等，如图 2.6.18 所示。

栏杆偏移中设置偏移值为 0 和 50 时的情况，如图 2.6.19 所示。

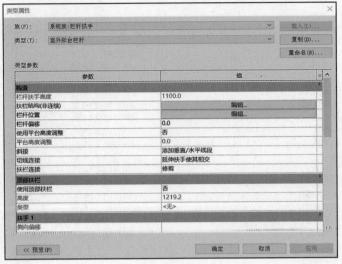

图   2.6.18

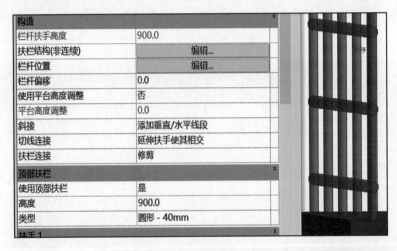

图   2.6.19

单击"扶栏结构"栏对应的"编辑"工具按钮，弹出"编辑扶手"对话框，编辑扶手结构：插入新扶手或复制现有扶手，设置扶手名称、高度、偏移、轮廓和材质等参数，调整扶手向上、向下位置，如图 2.6.20 所示。

图　2.6.20

单击"栏杆位置"栏对应的"编辑"工具按钮，弹出"编辑栏杆"对话框，编辑栏杆位置：布置主栏杆样式和支柱样式——设置主栏杆和支柱的栏杆族、底部及底部偏移、顶部及顶部偏移、相对前一栏杆的距离和偏移等参数。确定后，创建新的扶手样式、栏杆主样式，并且设置好各项参数，如图 2.6.21 所示。

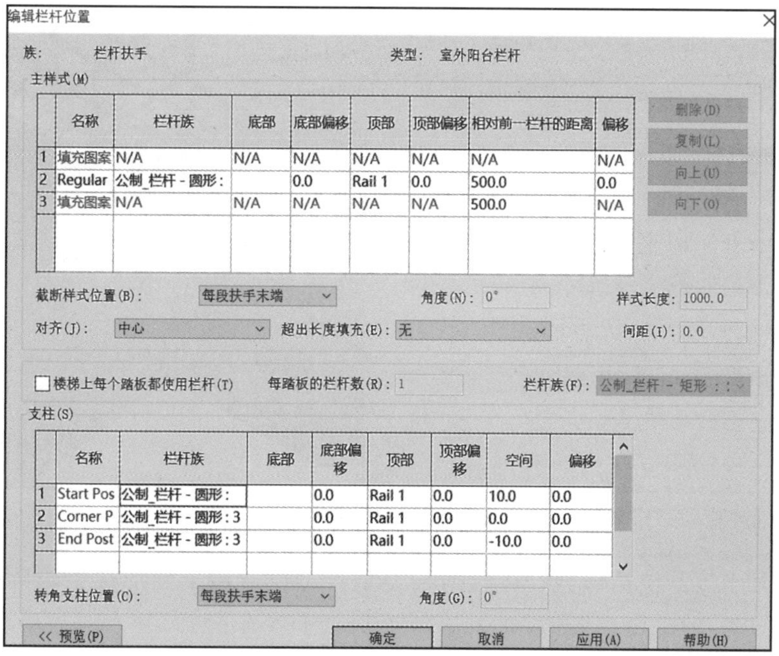

图　2.6.21

3）扶手的连接

（1）斜接：如果两段扶手在平面内成角相交，但没有垂直连接，那么既可以添加垂直或水平线段进行连接，也可以不添加连接件保留间隙，这样即可创建连续扶手，且从平台向上延伸的楼梯梯段的起点无法由一个踏板宽度显示。

（2）切线连接：如果两段相切扶手在平面内共线或相切，但没有垂直连接，那么既可以添加垂直或水平线段进行连接，也可以不添加连接件保留间隙。这样可在已修改平台处扶手高度或扶手延伸至楼梯末端之外的情况下创建光滑连接，如图 2.6.22 所示。

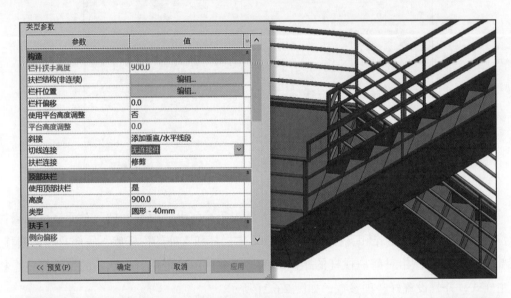

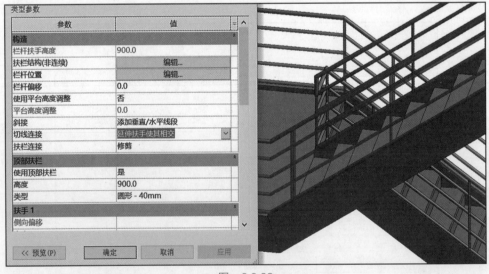

图　2.6.22

（3）扶手连接：包括修剪、接合两种类型，主要适用于圆形扶手轮廓的连接，如图 2.6.23 所示。

参数	值		值
构造			
栏杆扶手高度	900.0		900.0
扶栏结构(非连续)	编辑...		编辑...
栏杆位置	编辑...		编辑...
栏杆偏移	0.0		0.0
使用平台高度调整	是		是
平台高度调整	0.0		0.0
斜接	添加垂直/水平线段		添加垂直/水平线段
切线连接	延伸扶手使其相交		延伸扶手使其相交
扶栏连接	修剪		接合
顶部扶栏			
使用顶部扶栏	是		是
高度	900.0		900.0
类型	圆形 - 40mm		圆形 - 40mm
扶手 1			
侧向偏移			

图　2.6.23

楼梯扶手转角连接，绘制楼梯的时候对于自动生成的扶手，其转角连接要么有高差，要么是断开的。连接起来需要设置、编辑自动生成的扶手，在其休息平台的转角位置上选择中间的路径，并按照图 2.6.24 进行设置。

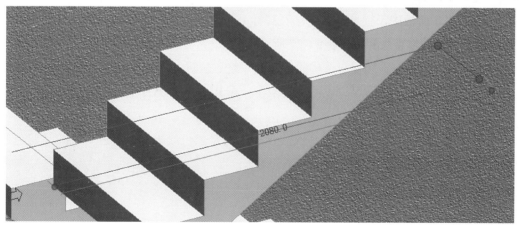

图　2.6.24

图　2.6.24（续）

3. 坡道

1）直坡道

单击"建筑"选项卡的"楼梯坡道"面板中的"坡道"工具按钮，进入"修改|创建坡道草图"上下文选项卡，如图 2.6.25 所示。

图　2.6.25

单击"属性"面板中的"编辑类型"按钮，在弹出的"类型属性"对话框中单击"复制"按钮，创建一个以原有坡道为基本的新坡道样式，设置类型属性参数：坡道厚度、材质、坡道最大坡度和结构等，单击"完成坡道"按钮，如图 2.6.26 所示。

在"属性"面板中设置坡道宽度、底部标高、底部偏移、顶部标高和顶部偏移等参数，系统自动计算坡道长度，如图 2.6.27 所示。

单击"梯段"按钮，捕捉每个梯段的起点、终点位置，进行坡道绘制。绘制完成后，单击"完成坡道"按钮，即可完成坡道的创建。在 Revit 中，坡道扶手是随着坡道创建自动生成的，如图 2.6.28 所示。

坡道草图组成部分：边界是绿色线表示，踢面是黑色线表示，坡道中心线是蓝色线表示。

图　2.6.26　　　　　　　　　　　　　　　　　图　2.6.27

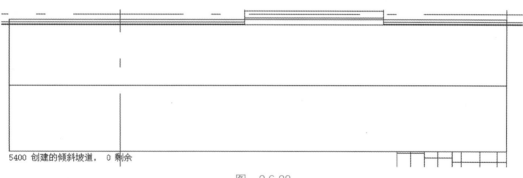

图　2.6.28

　　坡道显示可分为结构板与实体。结构板与楼板类似，只是倾斜的，板厚由"类型参数"中的厚度决定；实体显示为坡道底面与地面完全接触，不悬空，完全填充状态，如图 2.6.29 所示。

　　2）弧形坡道

　　单击"建筑"选项卡的"楼梯坡道"面板中的"坡道"工具按钮，进入"创建坡道草图"模式。用与直坡道一样的方式设置其类型与实例参数，如底部标高、顶部标高及宽度，如图 2.6.30 所示。

　　绘制中心点、半径、起点位置参照平面，以便精确定位。单击"梯段"按钮，选择"选项栏"中的"中心－端点弧"选项，开始创建弧形坡道，如图 2.6.31 所示。

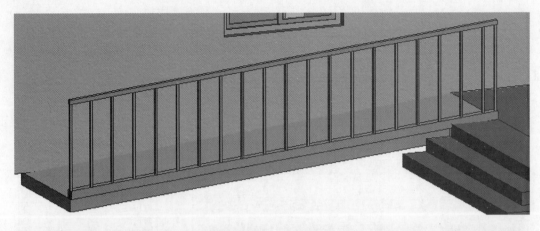

图　2.6.29

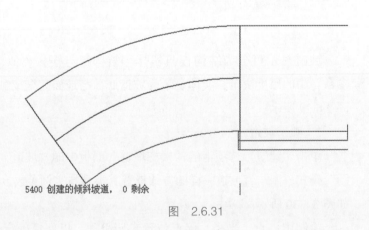

图　2.6.30　　　　　　　　　　　　　　　　图　2.6.31

　　可以删除弧形坡道的原始边界和踢面，并用"边界"和"踢面"命令绘制新的边界和踢面，创建特殊的弧形坡道。单击"完成坡道"按钮完成弧形坡道的创建，如图 2.6.32 所示。

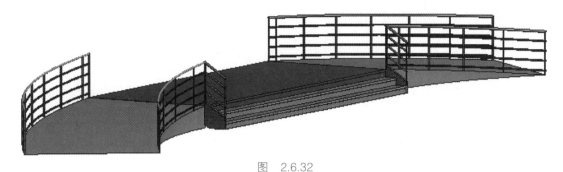

图　2.6.32

2.6.4　任务操作方法与步骤

1. 根据 CAD 图纸绘制南方某多层住宅的楼梯

在绘制之前创建好起点和终点的参照线，以及休息平台的位置。单击"建筑"选项卡的"工作平面"面板中的"参照平面"工具按钮，绘制参照线，如图 2.6.33 所示。

首先绘制第一段楼梯，从室外地坪到一层平面的梯段。如图 2.6.34 所示设置"底部标高""顶部标高""所需踢面数"与"实际踏板深度"，如图 2.6.35 所示设置"定位线"与"实际梯段宽度"。

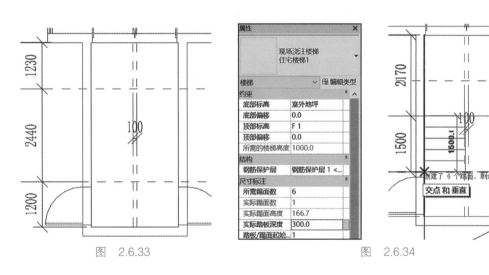

图　2.6.33　　　　　　　　　　　　　　　图　2.6.34

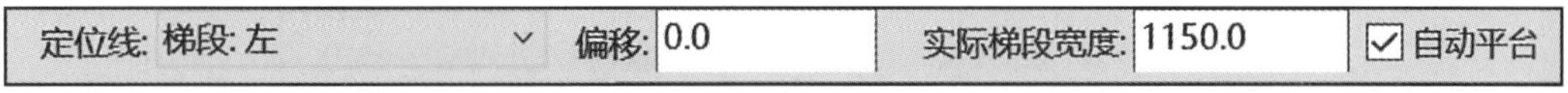

| 定位线: 梯段: 左 ∨ | 偏移: 0.0 | 实际梯段宽度: 1150.0 | ☑ 自动平台 |

图　2.6.35

梯段绘制完成后，修改楼梯栏杆，设置如图 2.6.36 所示。

完成楼梯的绘制，如图 2.6.37 所示。

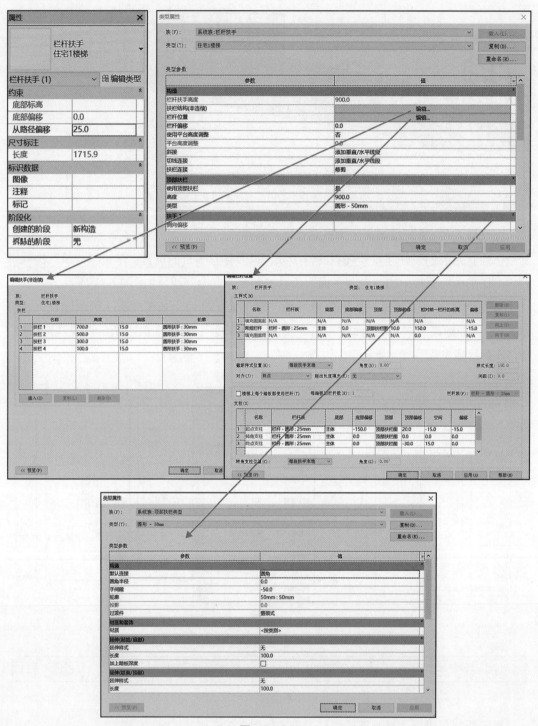

图 2.6.36

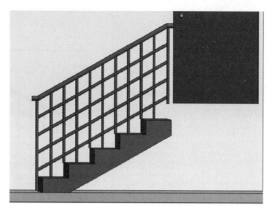

图　2.6.37

第一段楼梯绘制完成后，再绘制梯间楼板。在"属性"面板中选择"梯间楼板"，在"绘制"面板中选择"矩形"工具绘制楼板轮廓线，完成后按需要单击"模式"面板中的"完成编辑模式" ✓ 按钮，退出楼板编辑命令，如图 2.6.38 所示。

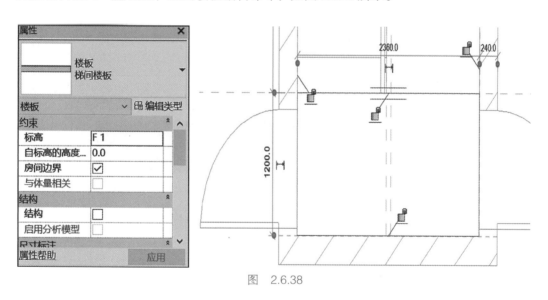

图　2.6.38

完成后的楼板可以看出楼板与楼梯并未相接，解决方法如下：一是可以更换楼梯类型；二是给楼板添加楼板边绘制成平台梁。本案例使用添加楼板边的方式绘制平台梁。

单击"建筑"选项卡中的"楼板：楼板边"工具按钮，在楼板的"属性"面板中单击"编辑类型"工具按钮进入"类型属性"对话框，复制一个楼板边缘，在"构造"→"轮廓"中选择合适的轮廓族，如图 2.6.39 所示。

单击"确定"按钮回到视图中，选择楼板边，完成操作。如图 2.6.40 所示，住宅第一段楼梯绘制完成。

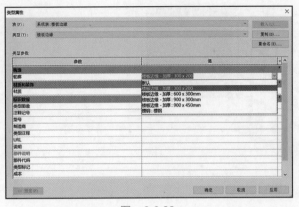

图 2.6.39

图 2.6.40

选中梯内楼板，进入"修改 | 楼板"上下文选项卡，单击"剪贴板"面板中的"复制到剪贴板" 📋 工具按钮，单击左边的"粘贴"工具下的向下三角形按钮，在弹出的下拉列表中选择"与选定的标高对齐"命令，在弹出的"选择标高"对话框中选择需要添加楼板的楼层。如图 2.6.41 所示，完成梯内楼板的绘制。

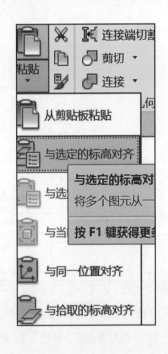

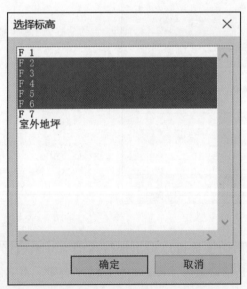

图 2.6.41

接下来绘制 1~5 层的楼梯，"属性"与"类型属性"设置如图 2.6.42 所示。

栏杆、扶手与顶部扶栏的设置如图 2.6.43 所示。

绘制方法和绘制第一段一样，首先绘制参照线，接着绘制双跑楼梯梯段，单击"修改 | 创建楼梯"上下文选项卡中的"模式"按钮，调整好楼梯梯段宽度和休息平台的位置，如图 2.6.44 所示。调整好后单击"模式"面板中的"完成编辑模式" ✔ 按钮，完成绘制。

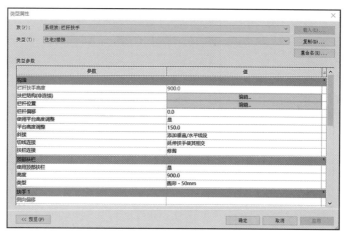

图　2.6.42

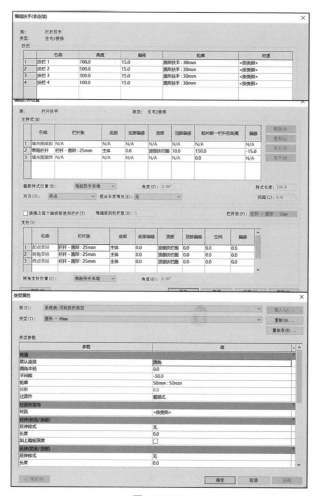

图　2.6.43

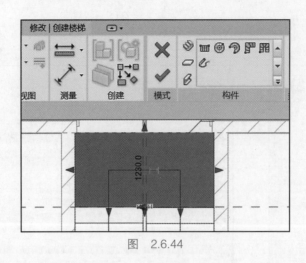

图　2.6.44

　　接下来修改栏杆，靠墙边的栏杆可以直接删除，梯井栏杆需要编辑，单击栏杆进入"修改｜栏杆扶手"上下文选项卡，选择"编辑路径"工具，进行修改。如图 2.6.45 所示，图左为修改前，图右为修改后。

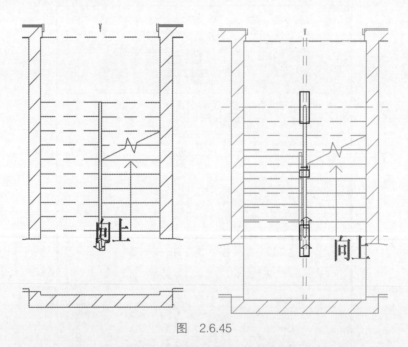

图　2.6.45

　　1~5 层楼梯完全相同，所以只需要在"修改｜楼梯"上下文选项卡中选择"多层楼梯"选项，进入任意立面视图，选择需要添加楼梯的平面标高线，单击"修改｜楼梯"上下文选项卡的"模式"面板中的"完成编辑模式" ✔ 按钮，完成楼梯的绘制，如图 2.6.46 所示。

　　最后一段楼梯的绘制方式与标准层一样，只需要更改栏杆路径，样式如图 2.6.47 所示。完成整个楼梯的绘制成果如图 2.6.48 所示。

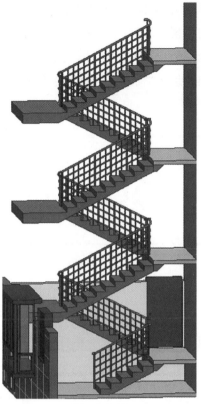

图　2.6.46

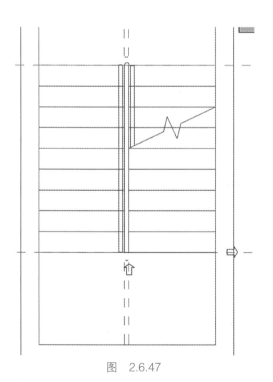

图　2.6.47

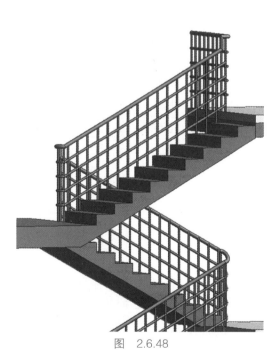

图　2.6.48

2. 根据 CAD 图纸绘制南方某多层住宅的阳台栏杆

单击"建筑"选项卡的"楼梯坡道"面板中的"栏杆扶手"工具按钮，单击"绘制路径"按钮进入"修改｜创建栏杆扶手路径"上下文选项卡，使用"绘制"面板中的"线"命令可以绘制扶手路径线，或使用"拾取线"命令拾取主体物轮廓线，如图 2.6.49 所示。

图　2.6.49

创建扶手路径后，单击"模式"面板中的"完成编辑模式" ✔ 按钮，完成扶手体量的创建。接着设置其属性，选择"属性"面板中的"编辑类型"命令，在弹出的"类型属性"对话框中单击"复制"按钮，创建一个以原有栏杆样式为基本的新栏杆样式，再设置其参数，如图 2.6.50 所示。

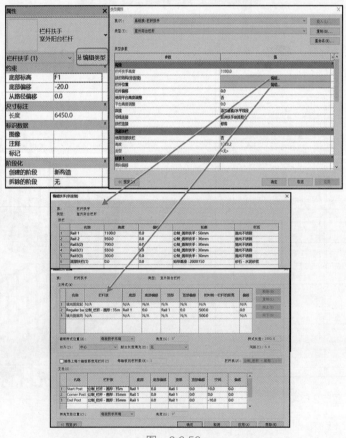

图　2.6.50

单击"建筑"选项卡的"构建"面板中的"柱"工具按钮，进入"修改｜放置柱"上下文选项卡，在"属性"面板中选择"矩形建筑柱 300mm*300mm"的建筑柱，然后放置在适当位置，如图 2.6.51 所示。

图　2.6.51

选好放置的柱子进入"修改｜柱"上下文选项卡，单击"修改柱"面板中的"附着 顶部 / 底部"工具按钮，再单击需要附着到的屋顶，完成柱子的绘制，如图 2.6.52 所示。

图　2.6.52

保存至项目文件"实训项目 \ 模块 2　Revit 常规信息模型创建 \ 源文件 \2.6　楼梯、扶手和坡道 \ 成果模型 \ 南方某多层住宅 - 楼梯、扶手和坡道 .rvt"。

2.6.5　任务评价

本任务强调课程考核与评价的整体性，采用过程性考核与结果性考核相结合的方式，按照学生自评、学生互评和教师评阅相结合的原则，从出勤率、训练表现、训练内容质量及成果、问题答辩四方面进行综合考核。最终任务成果的评分标准如表 2.6.1 所示。

表 2.6.1　评分标准

班级_____　　　　　任课教师_____　　　　　日期_____

序号	学生姓名	考核方式	评价内涵及能力要求				评分	权重	成绩
			出勤率	训练表现	训练内容质量及成果	问题答辩			
			只扣分不加分	20 分	60 分	20 分			
			1. 迟到一次扣2 分，旷课一次扣 5 分 2. 缺课 1/3 学时以上，该专项能力不记分	1. 学习态度端正（10 分） 2. 积极思考问题、动手能力强（10 分）	1. 正确使用软件完成任务书要求（30 分） 2. 模型成果符合制图标准（30 分）	1. 解决实际存在的问题（10 分） 2. 结合实践、灵活运用（10 分）			
		学生自评						30%	
		学生互评						30%	
		教师评阅						40%	

🖱 实训任务 2.7　房间和面积

2.7.1　任务目的

知识要求：房间是基于图元（如：墙、楼板、屋顶和天花板）对建筑模型中的空间进行细分的部分。

（1）通过此次任务的学习，学生能够熟练运用 Revit 2018，掌握创建和编辑房间名称的能力。

（2）通过此次任务的学习，学生能够熟练运用 Revit 2018，掌握创建和编辑房间面积的能力。

思政目的：通过掌握创建和编辑房间名称、面积的能力，了解在删除房间时，可能只是删除房间标记，真实的房间并未删除，引导学生认知在学习和工作中，不能有半点马虎，要以科学的态度对待科学，以真理的精神追求真理，培养学生严谨求实、细致认真的工程素养和科学精神。

2.7.2　任务要求

以多层住宅为例，完成建筑信息模型房间与面积的注释，如图 2.7.1 所示。

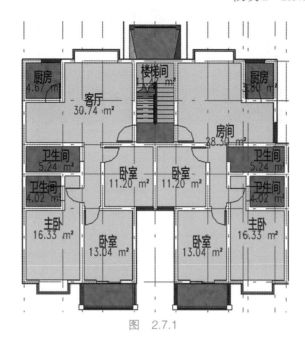

图 2.7.1

2.7.3 任务知识链接

1. 房间

1）创建房间

在"建筑"选项卡的"房间和面积"面板中单击"房间"工具按钮，可以创建以模型图元（如墙、楼板和天花板）和分隔线为界限的房间，如图 2.7.2 所示。

图 2.7.2

进入任意楼层平面中，在封闭的房间内单击添加房间，如图 2.7.3 所示。选择房间标记，单击"房间"按钮，名称变为输入状态，即可对房间的名称进行修改（如主卧室），如图 2.7.4 所示。

▌注意

房间放置在边界图元形成的范围内，房间会充满范围，且房间不可重复添加。要房间显示其房间标记，在"修改│放置 房间"上下文选项卡中单击"在放置时进行标记"工具按钮。创建房间是同时生成两个族：一个是房间，另一个是标记。有时在删除房间时，可能只是删除房间标记，真实的房间并未删除，删除房间要选中房间才可以。

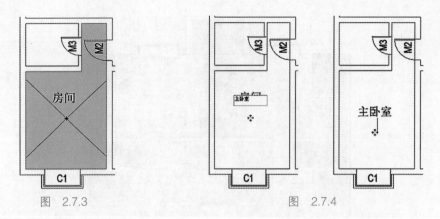

图　2.7.3　　　　　　　　　　　　　　　　图　2.7.4

如果需要添加的房间都是封闭的空间，也可以用"修改｜放置 房间"上下文选项卡中的"自动放置房间"工具来完成房间的创建。

2）房间的可见性

一般情况下，房间在创建后的边界及参照线是不会显示出来的。

若要在平面视图中查看房间边界，可以将鼠标指针放置在要查看的房间内，移动光标直到出现参照线，然后单击即可。或者修改视图的可见性（快捷键：VV）设置，在"视图"选项卡中单击"可见性｜图形"工具按钮，在弹出的"可见性｜图形替换"对话框中的"模型类别"选项卡中选择"房间"，然后选择"房间"展开下拉列表。需要显示内部填充，则勾选"内部填充"复选框；需要显示房间的参照线，则勾选"参照"复选框，然后单击"确定"按钮即可，如图 2.7.5 所示。

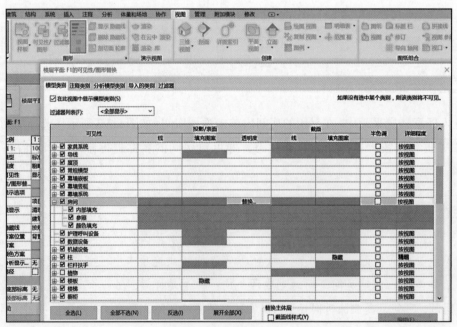

图　2.7.5

3）房间边界

在计算房间的面积、周长和体积时，会使用房间边界。进入楼层平面，使用平面视图可以直接查看房间的外部边界（周长）（选择房间或修改视图"可见性｜图形"里的设置）。

默认情况下，Revit 使用墙面面层作为外部边界来计算房间面积，Revit 也可以指定墙中心、墙核心层或墙核心层中心作为外部边界。在"建筑"选项卡的"房间和面积"面板中的下拉列表中单击"面积和体积计算"按钮，如图 2.7.6 所示。

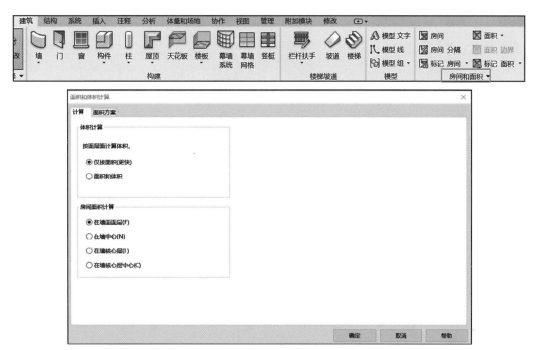

图　2.7.6

在弹出的"面积和体积计算"对话框中的"计算"选项卡中选择下列选项之一作为"房间面积计算"。

以下图元是房间边界：①墙（幕墙、标准墙、内建墙、基于面的墙）；②屋顶（标准屋顶、内建屋顶、基于面的屋顶）；③楼板（标准楼板、内建楼板、基于面的楼板）；④天花板（标准天花板、内建天花板、基于面的天花板）；⑤柱（建筑柱、材质为混凝土的结构柱）；⑥房间分隔线；⑦幕墙系统；⑧建筑地坪。

4）房间分隔

房间分隔线是房间边界线。在房间内指定另一个房间空间，如一般起居室内有餐厅部分，模型中不会用墙体隔开，这时绘制分隔线对房间进行面积的划分，以帮助定义房间。

进入楼层平面，在"建筑"选项卡的"房间和面积"面板中单击"房间 分隔"工具按钮进入"修改｜放置 房间分隔"上下文选项卡，绘制分隔线，如图 2.7.7 所示。

图　2.7.7

5）房间标记

房间标记是显示房间属性值的注释图元。在对房间进行标记前，必须已经在项目中创建房间。在创建房间时没有选用"在放置时进行标记"工具选项，就需要对房间进行标记。

在"建筑"选项卡的"房间和面积"面板中，单击"标记 房间"工具下拉列表中的"标记房间"按钮，添加房间标记，如图 2.7.8 所示。

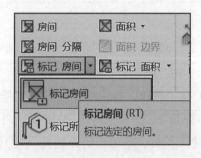

图　2.7.8

2. 面积

面积方案为可定义的空间关系，可用面积方案表示平面中各个空间之间的关系，每一个面积平面都具有各自的面积边界和颜色方案。

1）创建和删除面积方案

在"房间和面积"面板的下拉列表中选择"面积和体积计算"命令，在弹出的对话框中选择"面积方案"选项卡，单击"新建"按钮，完成操作，如图 2.7.9 所示。

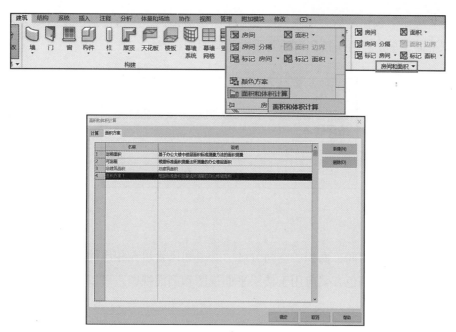

图　2.7.9

删除面积方案与创建面积方案类似，选中要删除的面积方案，单击对话框中右侧的"删除"按钮，完成面积方案的删除。

注意

通过修改图元属性，很多图元都可以被指定为房间边界。如果删除面积方案，则与其关联的所有面积平面也会被删除。

2）面积平面

在"房间和面积"面板中单击"面积"工具下的向下三角形按钮，在弹出的下拉列表中选择"面积平面"命令进行创建。在"类型"下拉列表中可选择要创建面积平面的类型和面积平面视图，然后单击"确定"按钮，如图 2.7.10 所示。

图　2.7.10

单击"确定"按钮之后会出现如图 2.7.11 所示对话框，单击"是"按钮则会开始创建整体面积平面；单击"否"按钮则需要手动绘制面积边界线。

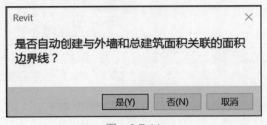

图　2.7.11

3. 颜色方案

使用颜色方案为房间、面积、空间分区、管道和风管填充相应的颜色和样式。可以根据特定值或范围，将颜色方案应用于楼层平面视图和剖面视图。可以向每个视图应用不同的颜色方案。

在"建筑"选项卡的"房间和面积"面板中单击下拉列表中的"颜色方案"选项，在弹出的"编辑颜色方案"对话框中将方案类别设置为"房间"，自动生成"方案"，对"方案"进行设置，将颜色设置为"名称"，单击"确定"按钮，生成的房间的颜色方案如图 2.7.12 所示。

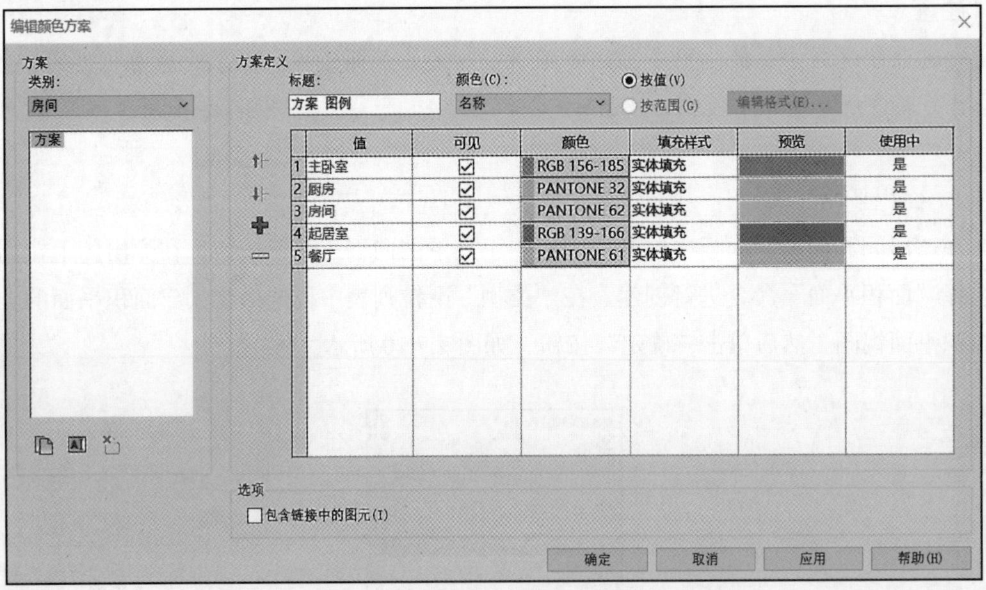

图　2.7.12

注意

要使用"颜色方案"工具，必须先在项目中定义房间或面积。

将颜色方案仅应用于视图背景或应用于视图中的所有模型图元。在视图中放置图例，以表明房间或面积的颜色填充含义。

在"注释"选项卡的"颜色填充"面板中单击"颜色填充 图例"工具按钮，将图例放置到需要颜色填充的平面视图中，在弹出的"选择空间类型和颜色方案"对话框中选择空间类型为"房间"，颜色方案为"方案"，单击"确定"按钮，应用后的颜色填充图例如图 2.7.13 所示。

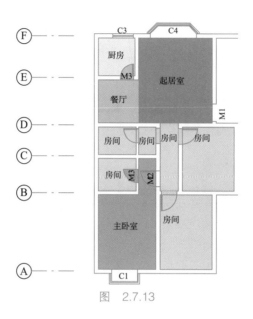

图　2.7.13

2.7.4　任务操作方法与步骤

根据 CAD 图纸绘制南方某多层住宅的房间与面积。

切换到标准平面视图，单击"房间"工具按钮，进入"修改 | 放置 房间"上下文选项卡，单击"自动放置 房间"工具按钮，软件自动创建平面视图中所有房间并进行标记，如图 2.7.14 所示。

如果房间中并没有标记出面积，是软件默认房间标记族类型不带面积，可在"属性"面板中选择带面积的标记族，如图 2.7.15 所示。

图　2.7.14

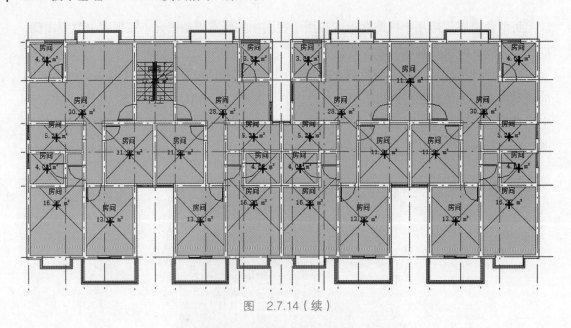

图   2.7.14（续）

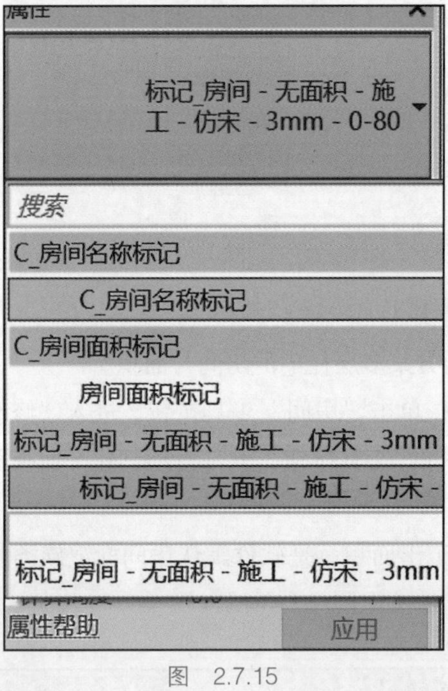

图   2.7.15

最后双击房间标记，修改每个房间名称，完成住宅房间面积的标记。

保存至项目文件"实训项目 \ 模块 2   Revit 常规信息模型创建 \ 源文件 \2.7   房间和面积 \ 成果模型 \ 南方某多层住宅 - 房间和面积 .rvt"。

2.7.5   任务评价

本任务强调课程考核与评价的整体性，采用过程性考核与结果性考核相结合的方式，按照学生自评、学生互评和教师评阅相结合的原则，从出勤率、训练表现、训练内容质量及成果、问题答辩四方面进行综合考核。最终任务成果的评分标准如表 2.7.1 所示。

表 2.7.1　评分标准

班级＿＿＿＿＿＿＿＿　　　任课教师＿＿＿＿＿＿＿＿　　　日期＿＿＿＿＿＿＿＿

序号	学生姓名	考核方式	评价内涵及能力要求				评分	权重	成绩
			出勤率	训练表现	训练内容质量及成果	问题答辩			
			只扣分不加分	20 分	60 分	20 分			
			1. 迟到一次扣 2 分，旷课一次扣 5 分 2. 缺课 1/3 学时以上，该专项能力不记分	1. 学习态度端正（10 分） 2. 积极思考问题、动手能力强（10 分）	1. 正确使用软件完成任务书要求（30 分） 2. 模型成果符合制图标准（30 分）	1. 解决实际存在的问题（10 分） 2. 结合实践、灵活运用（10 分）			
		学生自评						30%	
		学生互评						30%	
		教师评阅						40%	

实训任务 2.8　场　　地

2.8.1　任务目的

知识要求：Revit 2018 中提供的场地工具，可以为项目创建场地地形表面、场地红线、建筑地坪和建筑道路等图元，并且可以在创建的场地中添加广场喷泉、停车场和植物等场地构件，从而完成项目的场地设计。

通过此次任务的学习，学生能够熟练运用 Revit 2018，掌握创建和编辑场地、地坪、道路和构件的基本方法以及相关的应用能力。

思政目的：通过掌握创建和编辑场地的能力，了解"拆分表面"和"子面域"功能类似而又有所区别，引导学生认知万事万物是相互联系、相互依存的，只有用普遍联系的、全面系统的、发展变化的观点观察事物，才能把握事物发展规律，从而提高分析问题、解决问题的能力。

2.8.2　任务要求

以多层住宅为例，完成建筑信息模型场地地形和道路的绘制，如图 2.8.1 所示。

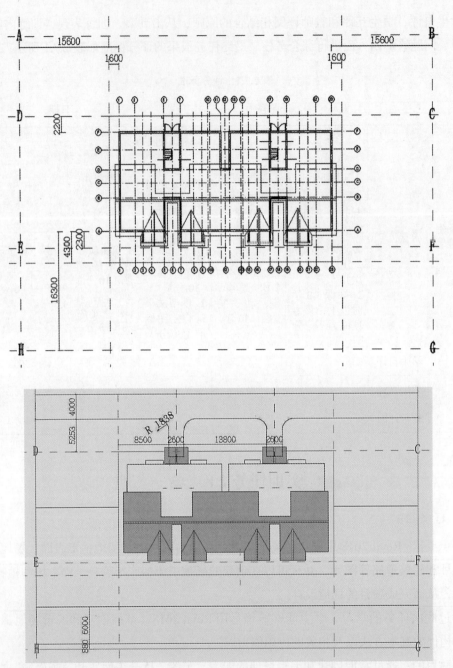

图 2.8.1

2.8.3 任务知识链接

1. 场地设置

单击"体量和场地"选项卡的"场地建模"面板中右侧的下拉列表按钮，弹出"场地设置"对话框。在该对话框中可以定义等高线的间隔、添加定义等高线，以及选择剖面填充样式等，如图 2.8.2 所示。

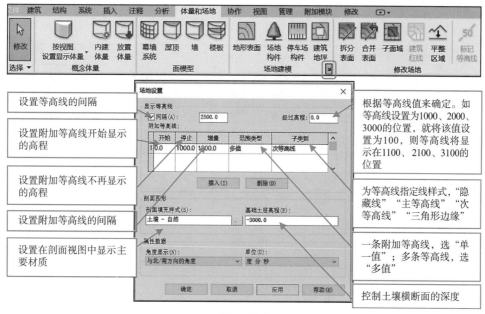

图　2.8.2

2. 场地创建

创建地形表面有两种方式：放置点（设置高程点）和导入测量点文件。

1）放置点

放置点的方式是手动添加地形点并指定其高程值，软件根据添加的高程点生成三维地形表面。

在"项目浏览器"中，打开场地平面视图，如果打开其他视图，会无法看到任何绘制的地形表面，除非在该视图的"属性"或"可见性/图形"选项中的"可见性设置"中修改"视图范围"设置（场地楼层平面视图实际上是以 F1 标高为基础，将剖切位置提高到10000m 得到的视图）。单击"体量和场地"选项卡的"场地建模"面板中的"地形表面"工具按钮，将自动切换至"修改 | 编辑表面"上下文选项卡，进入场地绘制，如图 2.8.3所示。

图　2.8.3

单击"修改 | 编辑表面"上下文选项卡的"工具"面板中的"放置点"工具按钮，如图 2.8.4 所示。在"选项栏"中设置高程值，单击放置点，连续放置生成等高线，退出放置高程点状态则连续按两次 Esc 键。若放置点或高程值需要修改，首先选择画好的地形，然后单击"修改 | 地形"面板中的"编辑表面"工具按钮，选中放置点修改高程值或移动

位置，如图 2.8.5 所示。

图 2.8.4

图 2.8.5

　　在"属性"面板中设置材质，在"材质"选项中单击"<按类别>"选项，在弹出的"材质浏览器"对话框中选择所需材质，单击"确定"按钮完成材质的选择。再单击"修改 | 编辑表面"上下文选项卡的"表面"面板中的"完成编辑模式" ✔ 按钮，完成创建，如图 2.8.6 所示。

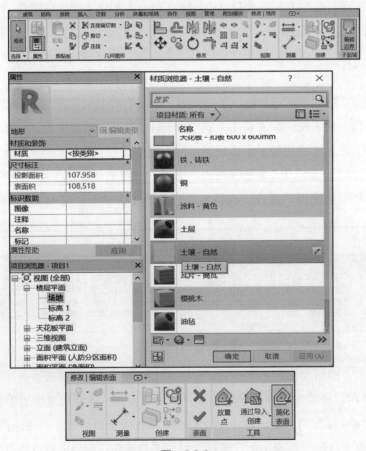

图 2.8.6

2）导入测量点文件

通过导入测量点文件："*.dwg"和"*.txt"等文件记录了测量点，可创建地形表面。

（1）切换至场地平面图，单击"插入"选项卡的"导入"面板中的"导入 CAD"工具按钮，打开"导入 CAD 格式"对话框，选择记录了测量点的"*.dwg"文件，设置对话框中的"导入单位"为"米"，"定位"为"自动 - 原点到原点"，"放置于"选项为指定标高，如"室外地坪"，如图 2.8.7 所示。单击"打开"按钮，导入"*.dwg"文件创建地形表面。

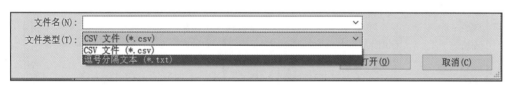

图　2.8.7

（2）在"体量与场地"选项卡的"场地建模"面板中单击"地形表面"工具按钮，弹出"修改｜编辑表面"上下文选项卡，单击"通过导入创建"按钮中的"指定点文件"按钮。在弹出的"选择文件"对话框中将"文件类型"更改为"逗号分隔文本（*.txt）"，如图 2.8.8 所示。单击"打开"按钮，导入文本文件创建地形表面。

图　2.8.8

3. 建筑地坪的创建

单击"体量和场地"选项卡的"场地建模"面板中的"建筑地坪"工具按钮，如图 2.8.9 所示。

图　2.8.9

单击"修改｜创建建筑地坪边界"上下文选项卡中的绘制工具，绘制地坪的轮廓线，如图 2.8.10 所示。注意：轮廓线必须是闭合的。

图　2.8.10

在"属性"面板中设置相关参数，如标高、编辑类型及编辑结构。完成绘制，如图 2.8.11 所示。

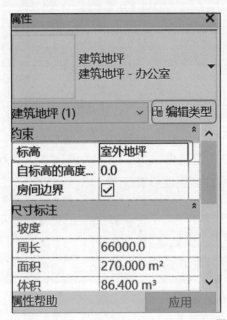
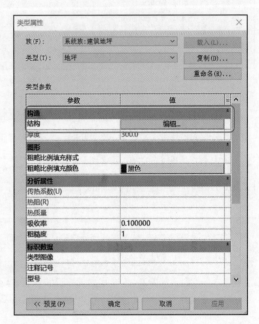

图　2.8.11

4. 道路的创建

地形表面场地创建后，使用"拆分表面"和"子面域"等命令对地形表面进行规划和再编辑，如绘制道路、绿化区域和运动场地等。

1）拆分表面

可将地形表面拆分为不同的表面，可以单独编辑其表面，赋予不同的材质，表示道路、湖泊和其他场地等，也可以单独删除拆分出的地形表面。

2）子面域

"子面域"工具用于在地形表面内定义一个面积。创建的子面域不会成为单独的表面，可以定义一个面积，也可以为该面积定义不同的属性，如材质等。

"拆分表面"与"子面域"功能类似，都可以将地形表面设置为独立区域。而两者的不同是："子面域"工具是将地表选中部分重新复制一份，创建一个新的地形表面，如果删除，只是删除了复制出的地形表面，原地形表面不变；而"拆分表面"是将选中部位的地形表面拆分出来，如果删除，则拆分出的地形表面将被删除。

单击"体量和场地"选项卡的"修改场地"面板中的"子面域"工具按钮，进入"修改｜创建子面域边界"上下文选项卡，如图 2.8.12 所示。

图　2.8.12

单击"修改｜创建子面域边界"上下文选项卡的"绘制"面板中的"线"工具按钮，绘制子面域边界轮廓线。子面域边界轮廓线必须是闭合的。

在"属性"面板中设置子面域的材质，如图 2.8.13 所示。

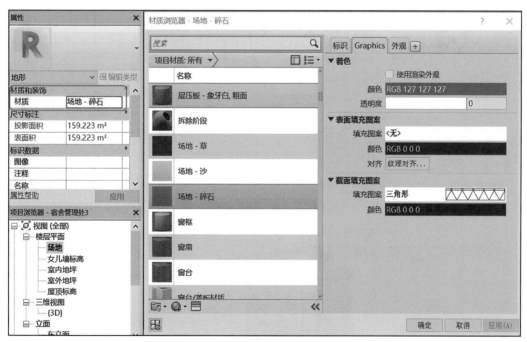

图　2.8.13

2.8.4 任务操作方法与步骤

1. 根据 CAD 图纸绘制南方某多层住宅的场地

在"项目浏览器"中单击"楼层平面"中的"场地"按钮，进入场地平面视图。根据场地平面图中的地形需要，单击"建筑"选项卡的"工作平面"面板中的"参考平面"工具按钮，绘制参照平面便于捕捉。

单击"体量和场地"选项卡的"场地建模"面板中的"地形表面"工具按钮，切换至"修改|编辑表面"上下文选项卡，进入场地绘制。单击"放置点"工具按钮，在"选项栏"中"高程"选项中"0"处设置高程值为"−1000"，移动光标至绘图区，依次单击图 2.8.14 中 A、B、C、D 四点，放置 4 个高程点，将"选项栏"中高程值改为"1000"，再到绘制区单击 E、F、G、H 四点，完成场地高程点的放置。

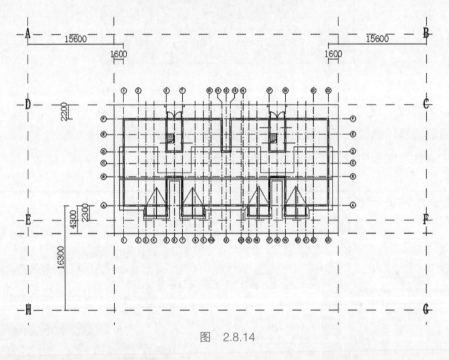

图　2.8.14

依次选择"属性"→"材质"命令，选择相应材质，给场地表面添加草地材质，如图 2.8.15 所示。

图　2.8.15

2. 根据 CAD 图纸绘制南方某多层住宅的建筑地坪

已创建的带有坡度的地形表面，其建筑首层地面是水平的，所以需要创建建筑地坪。使用"建筑地坪"工具创建平整的地坪。在"项目浏览器"中选择"楼层平面"中的"室外地坪"选项，根据建筑地坪区域绘制建筑地坪轮廓线。在"场地建模"面板中单击"建筑地坪"工具按钮，进入建筑地坪的草图绘制模式，单击"绘制"面板中的"直线"工具按钮绘制区域，沿顺时针方向绘制建筑地坪轮廓线。再到"属性"面板中修改其相关设置，完成地坪的创建，如图 2.8.16 所示。

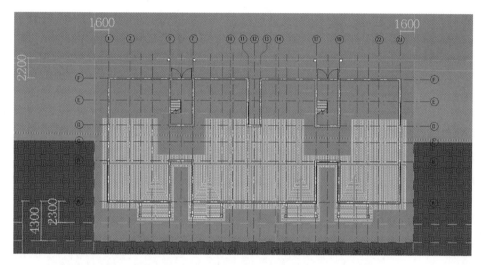

图　2.8.16

3. 根据 CAD 图纸绘制南方某多层住宅的道路

使用"子面域"工具在地形表面上绘制道路。在"项目浏览器"中选择"楼层平面"中的"场地"选项，进入场地平面视图。在"体量和场地"选项卡中选择"修改场地"面板中的"子面域"命令，进入草图绘制模式。在"绘制"面板中使用"直线"工具，沿顺时针方向绘制道路边界轮廓线，再到"属性"面板中设置其材质，完成道路的创建，如图 2.8.17 所示。

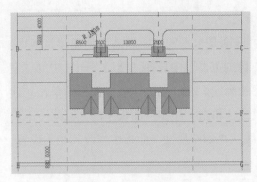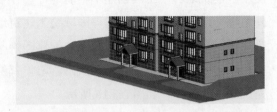

图 2.8.17

保存至项目文件"实训项目\模块 2　Revit 常规信息模型创建\源文件\2.8　场地\成果模型\南方某多层住宅 - 场地 .rvt"。

2.8.5　任务评价

本任务强调课程考核与评价的整体性，采用过程性考核与结果性考核相结合的方式，按照学生自评、学生互评和教师评阅相结合的原则，从出勤率、训练表现、训练内容质量及成果、问题答辩四方面进行综合考核。最终任务成果的评分标准如表 2.8.1 所示。

表 2.8.1　评分标准

班级＿＿＿＿＿＿＿＿　　任课教师＿＿＿＿＿＿＿＿　　日期＿＿＿＿＿＿＿＿

序号	学生姓名	考核方式	评价内涵及能力要求				评分	权重	成绩
			出勤率	训练表现	训练内容质量及成果	问题答辩			
			只扣分不加分	20 分	60 分	20 分			
			1. 迟到一次扣 2 分，旷课一次扣 5 分 2. 缺课 1/3 学时以上，该专项能力不记分	1. 学习态度端正（10 分）2. 积极思考问题、动手能力强（10 分）	1. 正确使用软件完成任务书要求（30 分）2. 模型成果符合制图标准（30 分）	1. 解决实际存在的问题（10 分）2. 结合实践、灵活运用（10 分）			
		学生自评						30%	
		学生互评						30%	
		教师评阅						40%	

🖱 实训任务 2.9　明　细　表

2.9.1　任务目的

知识要求：在 Revit 2018 中，明细表是体现其信息化功能的重要组成部分。软件可以根据建筑信息模型追踪其中所有的构件，从而获取项目应用所需要的各种类型的参数信息（如门、窗、管道、管件、柱子、材质以及计算值等信息），用表格的形式对各类信息进行量的统计，并直观地将数据表达出来。

在 Revit 2018 中，明细表可以提取的参数信息类型主要有项目参数、共享参数和族系统定义的参数。用户可以在设计的前期创建明细表，随着后期设计的修改，明细表将通过自动更新功能反映出项目信息的修改情况。反之，也可以利用明细表视图来修改项目中的参数信息，实现高效修改。同时，明细表可以像添加平、立面视图一样被添加到图纸视图中，也可以导入电子表格程序中为用户所用。

通过此次任务的学习，学生能熟悉并掌握获取明细表的方法，利用项目中的参数信息对建筑模型进行信息反馈，更好地完成设计表达。

思政目的：通过学习明细表的各项功能，掌握其最大的特点是通过表格的形式对各类信息进行量的统计，并直观地表达出来，引导学生认知酒香也怕巷子深。当今社会，发展日新月异，各种机遇稍纵即逝，要善于表现自我、宣传自我，充分展示自己的才能，让青春在全面建设社会主义现代化国家的火热实践中绽放绚丽之花。

2.9.2　任务要求

以南方某地某多层住宅为例，完成门、窗明细表统计。要求如表 2.9.1 所示，门、窗明细表中出现类型、宽度、高度、面积、标高、合计、注释和说明等字段参数。

表 2.9.1　门、窗明细表

A	B	C	D	E	F	G	H
类型	洞口尺寸		面积	标高	合计	注释	说明
	宽度	高度					

2.9.3　任务知识链接

如图 2.9.1 所示，在"明细表"命令下拉列表的"明细表 / 数量"功能中，主要是创建两种类型的明细表：建筑构件明细表和关键字明细表。

建筑构件明细表是从项目中提取指定构件的参数信息并以表格形式进行统计表达。关键字明细表是通过定义关键字控制构件的其他参数，更快地在众多相同构件中创建需要的明细表格。下面以这两种类型分别介绍创建方法。

图　2.9.1

1. 创建建筑构件明细表

在完成建筑信息模型创建之后，如图 2.9.2 所示，在"视图"选项卡的"创建"面板中单击"明细表"命令下的向下三角形按钮，在弹出的下拉列表中选择"明细表 / 数量"命令，Revit 2018 将自动弹出"新建明细表"对话框。

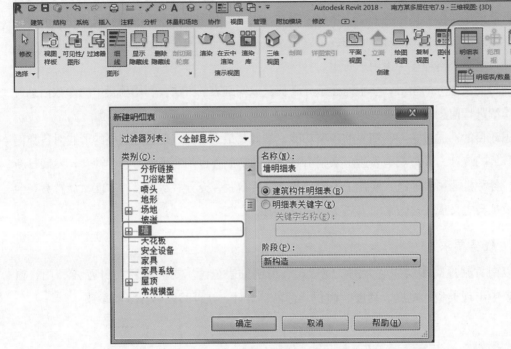

图 2.9.2

首先在该对话框中选择要统计的明细表"类别"，例如墙；其次设置明细表的"名称"，例如墙明细表；最后确认选择的是"建筑构件明细表"；单击"确定"按钮。

完成上一步确认之后，如图 2.9.3 所示，Revit 2018 将自动弹出"明细表属性"对话框，分为字段、过滤器、排序 / 成组、格式和外观五个选项卡，分别是用来确定明细表显示以及明细表中需要被显示的信息内容。

（1）在"字段"选项卡中，在"可用的字段"选项框中选择需要被统计的参数信息，单击"添加字段"按钮，将其移动至"明细表字段"选项框中。可以利用"新建参数""添加计算参数"和"合并参数"来控制明细表的字段类型，通过上下移动按钮来调整字段顺序。

（2）"过滤器"选项卡给明细表添加了限制条件，这里利用字段信息设置了多个过滤器，图元必须满足所有过滤器才能被显示出来。可以被用于作为过滤器的字段信息有多种，例如文字、长度、厚度、面积和层等。

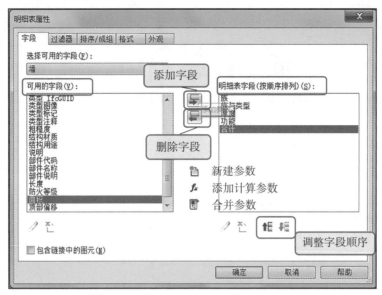

图　2.9.3

如图 2.9.4 所示，通过设置"过滤条件"可以统计条件控制的部分构件；如果不设置"过滤条件"，则可统计此类型的所有构件。

图　2.9.4

（3）在如图 2.9.5 所示的"排序／成组"选项卡中，可以在"排序方式"中选择之前设置的字段参数作为明细表的排序依据。例如，创建一个门明细表，并设置利用宽度进行升序排列，则该门明细表会将项目中所有的门图元按照宽度的尺寸从窄到宽排列在一起。其中的"页眉""页脚"和"空行"是成组选项，如果成组，则可以将这三项内容添加至排序行中。在 Revit 2018 中，可以选择"合计"之外任意字段信息进行排序。

勾选"总计"复选框将可以显示所有组中的图元总数和带有小计列的总和。

勾选"逐项列举每个实例"复选框，Revit 2018 将会根据每一项信息列举所有图元。

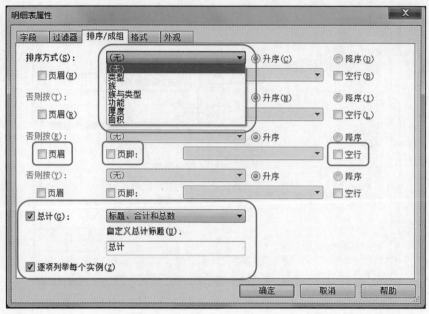

图　2.9.5

（4）在如图 2.9.6 所示的"格式"选项卡中可以设置每一个字段参数在明细表中的标题名称、标题方向和对齐方式。在这里字段名称和标题名称可以根据需要设置成相同或不同的。

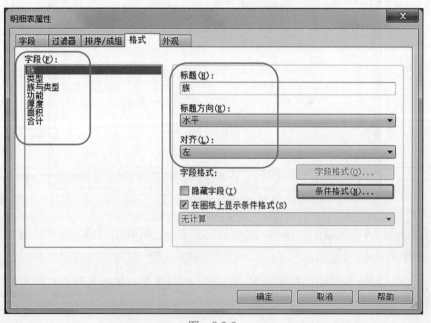

图　2.9.6

（5）在如图 2.9.7 所示的"外观"选项卡中可以根据需要设置明细表的图形线型以及文字的字体、大小和属性。设置完成之后，单击"确定"按钮，即可生成明细表。

				〈墙明细表〉				
A	B	C	D	E	F	G	H	I
类型	族与类型	功能	厚度	长度	面积	防火等级	注释	合计
多层住宅-F1F2-外墙-240mm	基本墙：多层住宅-F1F2-外墙-240mm	外部	240	13500	53.34 m³			1
多层住宅-F1F2-外墙-240mm	基本墙：多层住宅-F1F2-外墙-240mm	外部	240	15700	41.75 m³			1
多层住宅-F1F2-外墙-240mm	基本墙：多层住宅-F1F2-外墙-240mm	外部	240	5100	18.24 m³			1
多层住宅-F1F2-外墙-240mm	基本墙：多层住宅-F1F2-外墙-240mm	外部	240	1400	4.77 m³			1
多层住宅-F1F2-外墙-240mm	基本墙：多层住宅-F1F2-外墙-240mm	外部	240	5100	18.24 m³			1
多层住宅-F1F2-外墙-240mm	基本墙：多层住宅-F1F2-外墙-240mm	外部	240	6900	21.35 m³			1
多层住宅-F1F2-外墙-240mm	基本墙：多层住宅-F1F2-外墙-240mm	外部	240	4500	17.98 m³			1
多层住宅-F1F2-外墙-240mm	基本墙：多层住宅-F1F2-外墙-240mm	外部	240	2600	6.56 m³			1
多层住宅-F1F2-外墙-240mm	基本墙：多层住宅-F1F2-外墙-240mm	外部	240	4500	18.00 m³			1
多层住宅-F1F2-外墙-240mm	基本墙：多层住宅-F1F2-外墙-240mm	外部	240	6900	19.91 m³			1
多层住宅-F1F2-外墙-240mm	基本墙：多层住宅-F1F2-外墙-240mm	外部	240	13500	53.34 m³			1
多层住宅-F1F2-外墙-240mm	基本墙：多层住宅-F1F2-外墙-240mm	外部	240	15700	40.79 m³			1
多层住宅-F1F2-外墙-240mm	基本墙：多层住宅-F1F2-外墙-240mm	外部	240	6900	21.35 m³			1
多层住宅-F1F2-外墙-240mm	基本墙：多层住宅-F1F2-外墙-240mm	外部	240	4500	17.98 m³			1
多层住宅-F1F2-外墙-240mm	基本墙：多层住宅-F1F2-外墙-240mm	外部	240	2600	6.56 m³			1
多层住宅-F1F2-外墙-240mm	基本墙：多层住宅-F1F2-外墙-240mm	外部	240	4500	18.00 m³			1

图　2.9.7

2. 创建关键字明细表

从图 2.9.7 中可以看出："防火等级"和"注释"字段信息内容是空白的，这是由于在原来的墙的属性列表中没有此项参数信息。可以通过创建关键字明细表的方式快速地添加这些内容。

在 Revit 2018 的"视图"选项卡中单击"明细表"按钮，在下拉列表中选择"明细表/数量"命令，如图 2.9.8 所示，软件将自动弹出"新建明细表"对话框。在"类别"栏目中继续选择"墙"，选择"明细表关键字"。Revit 2018 会在"关键字名称"中自动生成"墙样式"，在这里可以根据需要修改名称。单击"确定"按钮，弹出"明细表属性"对话框。

将字段中的"制造商"和"注释"添加为明细表字段，其他"排序/成组""格式"和"外观"选项卡内容设置可参照之前建筑构件明细表的操作进行。单击"确定"按钮，生成关键字明细表。

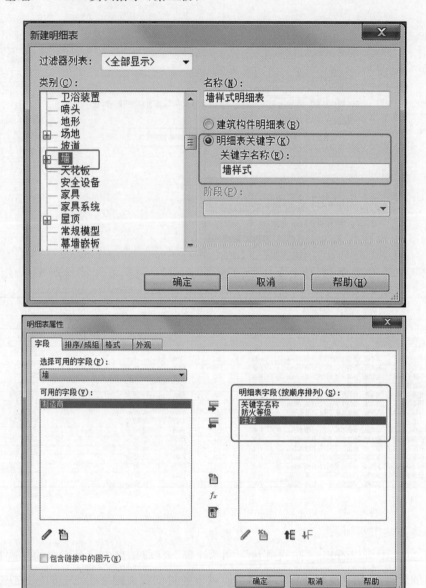

图 2.9.8

如图 2.9.9 所示，生成的"墙样式明细表"还没有内容信息，需要在"选项栏"中单击"新建"按钮，或者在"修改明细表 / 数量"上下文选项卡的"行"面板中单击"插入数据行"工具按钮，根据项目的实际情况，在每一个新建数据行对应的"防火等级"和"注释"栏目下填入相应信息。

设置好数据行字段信息之后，利用"项目浏览器"选择 F2 楼层平面视图，如图 2.9.10 所示，选择 F2 层的外墙，在"属性"面板中找到"标识数据"栏目，修改"墙样式"参数为"样式 1"。用同样的方法，在 F7 楼层平面视图中，选择如图 2.9.11 所示的墙体，修改"属性"面板中"墙样式"参数为"样式 2"。

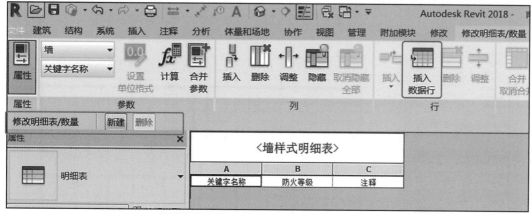

图　2.9.9

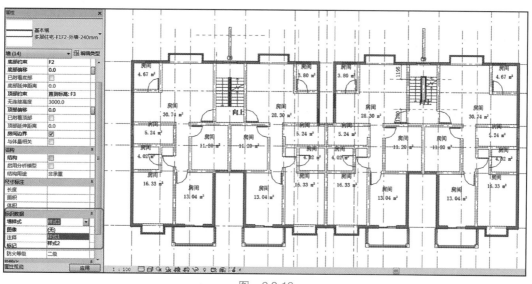

图　2.9.10

　　如图 2.9.12 所示，从"项目浏览器"中找到之前创建的"墙明细表"，可以发现，通过编辑，墙体的"防火等级"和"注释"字段信息已经被添加进去了。

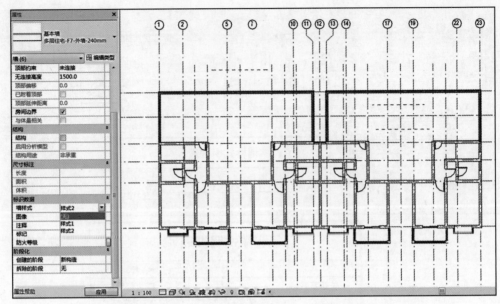

图　2.9.11

					〈墙明细表〉				
A	B	C	D	E	F	G	H	I	
类型	墙与类型	功能	厚度	长度	面积	防火等级	注释	合计	
多层住宅-F1F2-外墙-240mm	基本墙: 多层住宅-F1F2-外墙-240mm	外部	240	13500	53.34 ㎡			1	
多层住宅-F1F2-外墙-240mm	基本墙: 多层住宅-F1F2-外墙-240mm	外部	240	15700	41.75 ㎡			1	
多层住宅-F1F2-外墙-240mm	基本墙: 多层住宅-F1F2-外墙-240mm	外部	240	5100	18.24 ㎡			1	
多层住宅-F1F2-外墙-240mm	基本墙: 多层住宅-F1F2-外墙-240mm	外部	240	1400	4.77 ㎡			1	
多层住宅-F1F2-外墙-240mm	基本墙: 多层住宅-F1F2-外墙-240mm	外部	240	5100	18.24 ㎡			1	
多层住宅-F1F2-外墙-240mm	基本墙: 多层住宅-F1F2-外墙-240mm	外部	240	6900	21.35 ㎡			1	
多层住宅-F1F2-外墙-240mm	基本墙: 多层住宅-F1F2-外墙-240mm	外部	240	4500	17.98 ㎡			1	
多层住宅-F1F2-外墙-240mm	基本墙: 多层住宅-F1F2-外墙-240mm	外部	240	2600	6.56 ㎡			1	
多层住宅-F1F2-外墙-240mm	基本墙: 多层住宅-F1F2-外墙-240mm	外部	240	4500	18.00 ㎡			1	
多层住宅-F1F2-外墙-240mm	基本墙: 多层住宅-F1F2-外墙-240mm	外部	240	6900	19.91 ㎡			1	
多层住宅-F1F2-外墙-240mm	基本墙: 多层住宅-F1F2-外墙-240mm	外部	240	13500	53.34 ㎡			1	
多层住宅-F1F2-外墙-240mm	基本墙: 多层住宅-F1F2-外墙-240mm	外部	240	15700	40.79 ㎡			1	
多层住宅-F1F2-外墙-240mm	基本墙: 多层住宅-F1F2-外墙-240mm	外部	240	6900	21.35 ㎡			1	
多层住宅-F1F2-外墙-240mm	基本墙: 多层住宅-F1F2-外墙-240mm	外部	240	4500	17.98 ㎡			1	
多层住宅-F1F2-外墙-240mm	基本墙: 多层住宅-F1F2-外墙-240mm	外部	240	2600	6.56 ㎡			1	
多层住宅-F1F2-外墙-240mm	基本墙: 多层住宅-F1F2-外墙-240mm	外部	240	4500	18.00 ㎡			1	
多层住宅-F1F2-外墙-240mm	基本墙: 多层住宅-F1F2-外墙-240mm	外部	240	6900	19.91 ㎡			1	
多层住宅-F1F2-外墙-240mm	基本墙: 多层住宅-F1F2-外墙-240mm	外部	240	13500	39.60 ㎡	二级	线脚1　墙饰条	1	
多层住宅-F1F2-外墙-240mm	基本墙: 多层住宅-F1F2-外墙-240mm	外部	240	15700	29.77 ㎡	二级	线脚1　墙饰条	1	
多层住宅-F1F2-外墙-240mm	基本墙: 多层住宅-F1F2-外墙-240mm	外部	240	5100	13.14 ㎡	二级	线脚1　墙饰条	1	
多层住宅-F1F2-外墙-240mm	基本墙: 多层住宅-F1F2-外墙-240mm	外部	240	1400	3.37 ㎡			1	
多层住宅-F1F2-外墙-240mm	基本墙: 多层住宅-F1F2-外墙-240mm	外部	240	5100	13.14 ㎡	二级	线脚1　墙饰条	1	
多层住宅-F1F2-外墙-240mm	基本墙: 多层住宅-F1F2-外墙-240mm	外部	240	6900	14.33 ㎡	二级	线脚1　墙饰条	1	
多层住宅-F1F2-外墙-240mm	基本墙: 多层住宅-F1F2-外墙-240mm	外部	240	4500	13.50 ㎡	二级	线脚1　墙饰条	1	
多层住宅-F1F2-外墙-240mm	基本墙: 多层住宅-F1F2-外墙-240mm	外部	240	2600	3.98 ㎡			1	
多层住宅-F1F2-外墙-240mm	基本墙: 多层住宅-F1F2-外墙-240mm	外部	240	4500	13.50 ㎡	二级	线脚1　墙饰条	1	
多层住宅-F1F2-外墙-240mm	基本墙: 多层住宅-F1F2-外墙-240mm	外部	240	6900	13.25 ㎡	二级	线脚1　墙饰条	1	
多层住宅-F1F2-外墙-240mm	基本墙: 多层住宅-F1F2-外墙-240mm	外部	240	13500	39.60 ㎡	二级	线脚1　墙饰条	1	
多层住宅-F1F2-外墙-240mm	基本墙: 多层住宅-F1F2-外墙-240mm	外部	240	15700	29.05 ㎡	二级	线脚1　墙饰条	1	
多层住宅-F1F2-外墙-240mm	基本墙: 多层住宅-F1F2-外墙-240mm	外部	240	6900	14.33 ㎡	二级	线脚1　墙饰条	1	
多层住宅-F1F2-外墙-240mm	基本墙: 多层住宅-F1F2-外墙-240mm	外部	240	4500	13.50 ㎡	二级	线脚1　墙饰条	1	
多层住宅-F1F2-外墙-240mm	基本墙: 多层住宅-F1F2-外墙-240mm	外部	240	2600	3.98 ㎡			1	
多层住宅-F7-外墙-240mm	基本墙: 多层住宅-F7-外墙-240mm	外部	240	2600	27.18 ㎡			1	
多层住宅-F7-外墙-240mm	基本墙: 多层住宅-F7-外墙-240mm	外部	240	2600	27.18 ㎡			1	
多层住宅-F7-外墙-240mm	基本墙: 多层住宅-F7-外墙-240mm	外部	240	3300	11.34 ㎡			1	
多层住宅-F7-外墙-240mm	基本墙: 多层住宅-F7-外墙-240mm	外部	240	3300	11.34 ㎡			1	
多层住宅-F7-外墙-240mm	基本墙: 多层住宅-F7-外墙-240mm	外部	240	3300	11.34 ㎡			1	
多层住宅-F7-外墙-240mm	基本墙: 多层住宅-F7-外墙-240mm	外部	240	4960	7.62 ㎡		线脚2　墙饰条	1	
多层住宅-F7-外墙-240mm	基本墙: 多层住宅-F7-外墙-240mm	外部	240	15700	23.55 ㎡		线脚2　墙饰条	1	
多层住宅-F7-外墙-240mm	基本墙: 多层住宅-F7-外墙-240mm	外部	240	5100	7.47 ㎡		线脚2　墙饰条	1	
多层住宅-F7-外墙-240mm	基本墙: 多层住宅-F7-外墙-240mm	外部	240	15700	23.91 ㎡		线脚2　墙饰条	1	
多层住宅-F7-外墙-240mm	基本墙: 多层住宅-F7-外墙-240mm	外部	240	4960	7.26 ㎡		线脚2　墙饰条	1	
多层住宅-F7-外墙-240mm	基本墙: 多层住宅-F7-外墙-240mm	外部	240	4960	7.26 ㎡		线脚2　墙饰条	1	
百叶	幕墙: 百叶	外部		2600	2.41 ㎡			1	
百叶	幕墙: 百叶	外部		2600	2.41 ㎡			1	

图　2.9.12

3. 修改明细表

1）修改明细表字段信息

如图 2.9.13 所示，在 Revit 2018 中，单击明细表中的单元，会出现下拉列表，可以根据需要选择此单元的字段信息，从而修改字段的内容。

				〈墙明细表〉	
A	B	C	D	E	F
类型	族与类型	功能	厚度	长度	面积
多层住宅-F1F2-外墙-240mm	基本墙：多层住宅-F1F2-外墙-240mm	外部 ▼	240	13500	53.34 m²
多层住宅-F1F2-外墙-240mm	基本墙：多层住宅-F1F2-外墙-240mm	内部	240	15700	41.75 m²
多层住宅-F1F2-外墙-240mm	基本墙：多层住宅-F1F2-外墙-240mm	外部/基础墙	240	5100	18.24 m²
多层住宅-F1F2-外墙-240mm	基本墙：多层住宅-F1F2-外墙-240mm	挡土墙/檐底板	240	1400	4.77 m²
多层住宅-F1F2-外墙-240mm	基本墙：多层住宅-F1F2-外墙-240mm	核心竖井	240	5100	18.24 m²
多层住宅-F1F2-外墙-240mm	基本墙：多层住宅-F1F2-外墙-240mm	外部	240	6900	21.35 m²

图　2.9.13

2）更改明细表选项卡设置

在创建完明细表之后，要想更改明细表的选项卡设置，可以通过激活明细表视图，如图 2.9.14 所示，在"属性"面板中找到"其他"部分的数据，单击需要更改的选项卡对应的"编辑"按钮，即可修改此选项卡的设置。

图　2.9.14

3）编辑明细表字段标题

在创建明细表之后，如果需要在标题行生成多层标题，可以选择要成组的标题，如图 2.9.15 所示，单击"标题和页眉"面板中的"成组"工具按钮，明细表会在成组的两个标题上方出现新的标题，可以单击编辑新标题的名称，完成多层标题的设置。

如果要删除多层标题，选择上层标题，单击"标题和页眉"面板中的"解组"工具按钮即可。

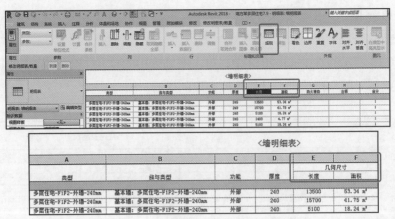

图 2.9.15

在 Revit 2018 中，还可以通过"合并参数"的方式修改明细表标题。如图 2.9.16 所示，进入明细表视图后，在"修改明细表 / 数量"选项卡的"列"面板中单击"合并参数"工具按钮，Revit 2018 将会弹出"合并参数"对话框。单击对应参数的按钮，将需要合并的"明细表参数"选择到"合并的参数"中，单击"确定"按钮，完成参数的合并。

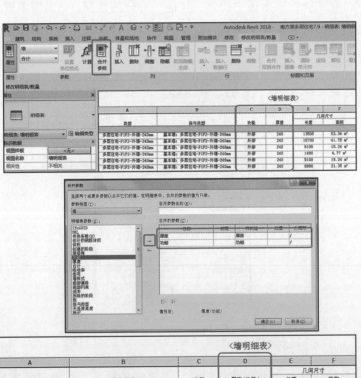

图 2.9.16

4）编辑明细表"行"和"列"

在 Revit 2018 中，插入、删除、调整、隐藏明细表的列，可以如图 2.9.17 所示，选择需要修改的参数列，单击"列"面板中的"插入""删除""调整"和"隐藏"按钮，即可做相应的修改。

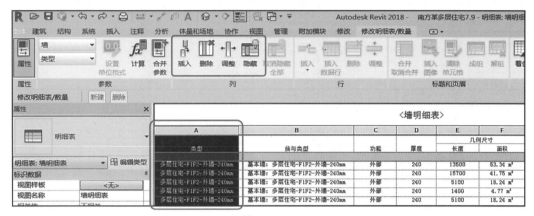

图　2.9.17

如果需要删除的是明细表的参数行，同样可以如图 2.9.18 所示，通过选择需要修改的参数行，单击"行"面板中的"删除"按钮进行删除。但是在 Revit 2018 中，仅有房间明细表和关键字明细表中的参数行是可以进行新建的。

需要注意的是，在明细表中删除参数行时，与其关联的图元也将从项目中一同被删掉。

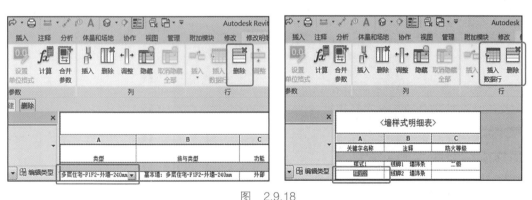

图　2.9.18

4. 导出明细表

如图 2.9.19 所示，在 Revit 2018 中导出明细表可以通过选择"文件"选项卡下拉列表的"导出"命令，选择"报告"文件类型下的"明细表"，即可将项目的明细表导出为文本文档"*.txt"格式的文件。

图 2.9.19

2.9.4 任务操作方法与步骤

根据要求创建南方某多层住宅的门窗明细表。

打开项目文件"实训项目\模块 2　Revit 常规信息模型创建\源文件\2.8　场地\模型\南方某多层住宅 - 场地 .rvt"，如图 2.9.20 所示。

图　2.9.20

在 Revit 2018 中，如图 2.9.21 所示，找到"视图"选项卡下"创建"面板中的"明细表"命令，单击下拉列表中的"明细表 / 数量"选项。在弹出的"新建明细表"对话框中选择"门"类别，选中"建筑构件明细表"，单击"确定"按钮，进入"明细表属性"对话框。

图　2.9.21

其中各项选项卡设置如图 2.9.22 所示。

（1）"字段"选项卡中在已有字段中选择类型、宽度、高度、标高、合计、注释和说明等添加至明细表字段中。根据任务需要还需添加面积参数，可以单击"添加计算参数"按钮，Revit 2018 会弹出"计算值"对话框，如图 2.9.22 所示，设置完成后单击"确定"按钮，即将面积参数添加成功。

（2）"排序 / 成组"选项卡可以选择按照"类型"和"标高"升序排列，并且设置类型参数在"页脚"处标记"标题和总数"。

（3）在"格式"选项卡中按住 Shift 键选择所有字段，设置"对齐"方式为"中心线"。

（4）"过滤器"和"外观"选项卡保持默认不变。

完成设置之后，单击"确定"按钮，Revit 2018 将会根据之前的设置自动弹出"门明细表"。为了使明细表能够更清晰地表达字段信息，可以选择"宽度"和"高度"两个字段参数，使其成组，设置成组名称为"洞口尺寸"，如图 2.9.23 所示。

可以用同样的方法完成"窗明细表"的设置。

完成后保存该项目文件。请在"实训项目 \ 模块 2　Revit 常规信息模型创建 \ 源文件 \2.9　明细表 \ 成果模型 \ 南方某多层住宅 - 明细表 .rvt"项目文件中查看最终结果。

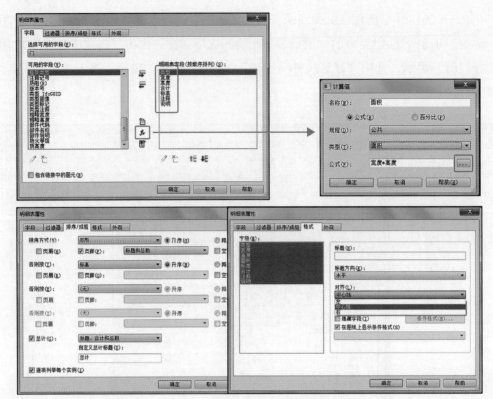

图   2.9.22

\<门明细表\>							
A	B	C	D	E	F	G	H
类型	洞口尺寸		面积	标高	合计	注释	说明
	宽度	高度					
BLM1	1500	2400	3.60 m²	F1	1		塑钢玻璃推拉门
BLM1	1500	2400	3.60 m²	F1	1		塑钢玻璃推拉门
BLM1	1500	2400	3.60 m²	F1	1		塑钢玻璃推拉门
BLM1	1500	2400	3.60 m²	F1	1		塑钢玻璃推拉门
BLM1	1500	2400	3.60 m²	F2	1		塑钢玻璃推拉门
BLM1	1500	2400	3.60 m²	F2	1		塑钢玻璃推拉门
BLM1	1500	2400	3.60 m²	F2	1		塑钢玻璃推拉门
BLM1	1500	2400	3.60 m²	F2	1		塑钢玻璃推拉门
BLM1	1500	2400	3.60 m²	F3	1		塑钢玻璃推拉门
BLM1	1500	2400	3.60 m²	F3	1		塑钢玻璃推拉门
BLM1	1500	2400	3.60 m²	F3	1		塑钢玻璃推拉门
BLM1	1500	2400	3.60 m²	F3	1		塑钢玻璃推拉门
BLM1	1500	2400	3.60 m²	F4	1		塑钢玻璃推拉门
BLM1	1500	2400	3.60 m²	F4	1		塑钢玻璃推拉门
BLM1	1500	2400	3.60 m²	F4	1		塑钢玻璃推拉门
BLM1	1500	2400	3.60 m²	F4	1		塑钢玻璃推拉门
BLM1	1500	2400	3.60 m²	F5	1		塑钢玻璃推拉门
BLM1	1500	2400	3.60 m²	F5	1		塑钢玻璃推拉门
BLM1	1500	2400	3.60 m²	F5	1		塑钢玻璃推拉门
BLM1	1500	2400	3.60 m²	F5	1		塑钢玻璃推拉门
BLM1	1500	2400	3.60 m²	F6	1		塑钢玻璃推拉门
BLM1	1500	2400	3.60 m²	F6	1		塑钢玻璃推拉门
BLM1	1500	2400	3.60 m²	F6	1		塑钢玻璃推拉门
BLM1	1500	2400	3.60 m²	F6	1		塑钢玻璃推拉门
BLM1	1500	2400	3.60 m²	F7	1		塑钢玻璃推拉门
BLM1	1500	2400	3.60 m²	F7	1		塑钢玻璃推拉门
BLM1	1500	2400	3.60 m²	F7	1		塑钢玻璃推拉门
BLM1	1500	2400	3.60 m²	F7	1		塑钢玻璃推拉门
BLM1					28		
M1	1000	2100	2.10 m²	F1	1		金属防盗门

图   2.9.23

<窗明细表>

A	B	C	D	E	F	G	H	I
类型	洞口尺寸 宽度	洞口尺寸 高度	底高度	面积	标高	合计	注释	说明
C1	1960	1500	900	2.94 m²	F1	1		塑钢凸窗
C1	1960	1500	900	2.94 m²	F1	1		塑钢凸窗
C1	1960	1500	900	2.94 m²	F1	1		塑钢凸窗
C1	1960	1500	900	2.94 m²	F1	1		塑钢凸窗
C1	1960	1500	900	2.94 m²	F2	1		塑钢凸窗
C1	1960	1500	900	2.94 m²	F2	1		塑钢凸窗
C1	1960	1500	900	2.94 m²	F2	1		塑钢凸窗
C1	1960	1500	900	2.94 m²	F2	1		塑钢凸窗
C1	1960	1500	900	2.94 m²	F3	1		塑钢凸窗
C1	1960	1500	900	2.94 m²	F3	1		塑钢凸窗
C1	1960	1500	900	2.94 m²	F3	1		塑钢凸窗
C1	1960	1500	900	2.94 m²	F3	1		塑钢凸窗
C1	1960	1500	900	2.94 m²	F4	1		塑钢凸窗
C1	1960	1500	900	2.94 m²	F4	1		塑钢凸窗
C1	1960	1500	900	2.94 m²	F4	1		塑钢凸窗
C1	1960	1500	900	2.94 m²	F4	1		塑钢凸窗
C1	1960	1500	900	2.94 m²	F5	1		塑钢凸窗
C1	1960	1500	900	2.94 m²	F5	1		塑钢凸窗
C1	1960	1500	900	2.94 m²	F5	1		塑钢凸窗
C1	1960	1500	900	2.94 m²	F5	1		塑钢凸窗
C1	1960	1500	900	2.94 m²	F6	1		塑钢凸窗
C1	1960	1500	900	2.94 m²	F6	1		塑钢凸窗
C1	1960	1500	900	2.94 m²	F6	1		塑钢凸窗
C1	1960	1500	900	2.94 m²	F6	1		塑钢凸窗
C1	1960	1500	900	2.94 m²	F7	1		塑钢凸窗
C1	1960	1500	900	2.94 m²	F7	1		塑钢凸窗
C1	1960	1500	900	2.94 m²	F7	1		塑钢凸窗
C1	1960	1500	900	2.94 m²	F7	1		塑钢凸窗
C1						28		

图　2.9.23（续）

2.9.5　任务评价

本任务强调课程考核与评价的整体性，采用过程性考核与结果性考核相结合的方式，按照学生自评、学生互评和教师评阅相结合的原则，从出勤率、训练表现、训练内容质量及成果、问题答辩四方面进行综合考核。最终任务成果的评分标准如表 2.9.2 所示。

表 2.9.2　评分标准

班级______________　　任课教师______________　　日期______________

<table>
<tr><td rowspan="4">序号</td><td rowspan="4">学生姓名</td><td rowspan="4">考核方式</td><td colspan="4">评价内涵及能力要求</td><td rowspan="4">评分</td><td rowspan="4">权重</td><td rowspan="4">成绩</td></tr>
<tr><td>出勤率</td><td>训练表现</td><td>训练内容质量及成果</td><td>问题答辩</td></tr>
<tr><td>只扣分不加分</td><td>20 分</td><td>60 分</td><td>20 分</td></tr>
<tr><td>1. 迟到一次扣 2 分，旷课一次扣 5 分
2. 缺课 1/3 学时以上，该专项能力不记分</td><td>1. 学习态度端正（10 分）
2. 积极思考问题、动手能力强（10 分）</td><td>1. 正确使用软件完成任务书要求（30 分）
2. 模型成果符合制图标准（30 分）</td><td>1. 解决实际存在的问题（10 分）
2. 结合实践、灵活运用（10 分）</td></tr>
<tr><td rowspan="3"></td><td rowspan="3"></td><td>学生自评</td><td></td><td></td><td></td><td></td><td></td><td>30%</td><td></td></tr>
<tr><td>学生互评</td><td></td><td></td><td></td><td></td><td></td><td>30%</td><td></td></tr>
<tr><td>教师评阅</td><td></td><td></td><td></td><td></td><td></td><td>40%</td><td></td></tr>
</table>

实训任务 2.10　渲染与出图

2.10.1　任务目的

知识要求：使用 Revit 软件，利用创建好的三维模型，可以制作出效果图和漫游动画，从而可以展示建筑师的创意和设计成果，方便与客户的沟通交流。在一个软件环境中既可以完成施工图设计，也可以完成可视化的工作，避免数据流失，可提高工作效率。

Revit 渲染相对比较简单，创建相机，设置相关地点、日期、时间、材质和灯光，即可渲染出图。

通过此次任务的学习，学生能够熟练运用 Revit 2018，掌握渲染出图的能力。

思政目的：通过学习渲染出图的内容，分析相机在平面视图中消失后，可以通过相关操作将相机重新显示出来，引导学生认知做人就要有百折不挠的勇气，遇到任何逆境都不可轻言放弃、轻易服输，要坚持发扬斗争精神，不信邪、不怕压，知难而进、迎难而上，全力战胜各种困难和挑战，培养学生不畏困难、坚韧不拔的品格和毅力。

2.10.2　任务要求

以多层住宅为例，按图 2.10.1 所示的样式渲染出图。

图　2.10.1

2.10.3　任务知识链接

项目模型在绘制过程中可以实时更改图形视觉样式，三维视图中也能直观地观看模型在不同视觉样式下的效果，如果要得到更为真实的外观效果，则需要渲染观看。渲染是基于三维空间创建出来的二维图像。在渲染前,首先要清楚一个操作流程:创建渲染视图→设置渲染材质→设置渲染参数→预渲染设置→正式渲染→保存及出图。

1. 创建渲染视图

根据表现需要放置相机给项目创建任意三维透视图,才能进行渲染。

在"项目浏览器"中切换至任意平面视图,在"视图"选项卡中单击"创建"面板中的"三维视图"工具右侧弹出下拉列表,在列表中选择"相机"选项,如图 2.10.2 所示。

图 2.10.2

在"选项栏"中,勾选"透视图"复选框,创建透视视图,否则创建的是三维正交视图,即轴测图。设置"偏移"数值为"1750",即相机高度为以平面视图为基础的 1750mm 处。如图 2.10.3 所示。

图 2.10.3

在平面视图绘图区域中单击放置相机,设置相机视点。向建筑方向移动鼠标指针至所需目标点,其三角形底边表示远端的视距,目标点需定位至超过建筑物。单击放置相机创建渲染所需的三维视图,如图 2.10.4 所示。

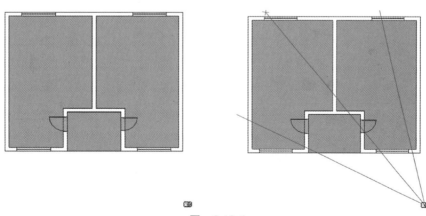

图 2.10.4

被相机三角形包围的区域即是可视的范围，建筑物没有全在三角形包围的区域，所以生成的三维视图呈现的建筑不完整，如图 2.10.5 所示。

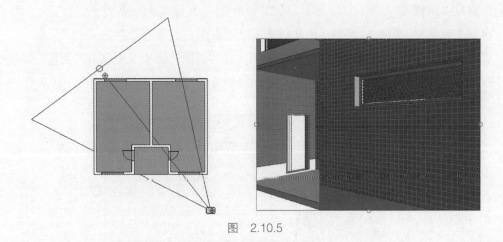

图　2.10.5

相机放置好后，视图会自动切换到三维视图，在"项目浏览器"的"三维视图"列表中增添了一个相机视图"三维视图 1"，如图 2.10.6 所示。

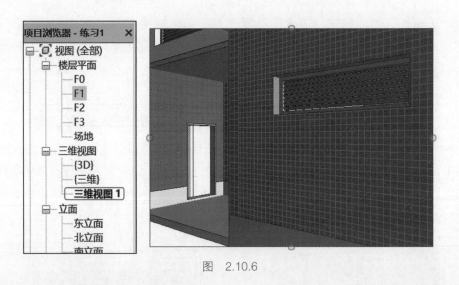

图　2.10.6

视图显示不完整，需要调整显示。视图各边中点有四个蓝色控制点，改变其显示范围，按住鼠标中键 +Shift 组合键旋转视图来调整显示角度，完成渲染视图的设置，如图 2.10.7 所示。

> **注意**
>
> 如果出现相机在平面视图中消失的情况，可以在"项目浏览器"列表中相机所对应的三维视图上右击，在弹出的快捷菜单中选择"显示相机"命令，视图中的相机即可重新显示出来。

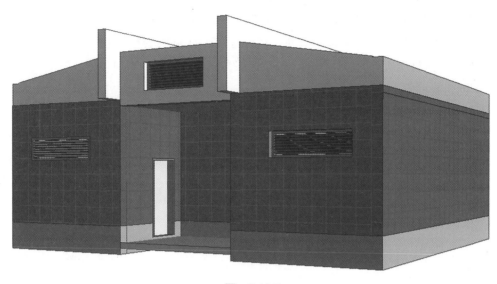

图　2.10.7

2. 设置渲染材质

渲染视图创建好后，渲染之前还需要给建筑模型中的图元设置相应的材质，即建筑模型中构件的表面颜色、纹理等特性设置。材质是模型在视图和渲染图像中的显示方式。Revit 软件中提供了材质库，从中可以选择材质，也可以新建所需的材质。

在"管理"选项卡的"设置"面板中单击"材质"工具按钮，弹出"材质浏览器"对话框，如图 2.10.8 所示。

图　2.10.8

"材质浏览器"对话框的左侧是"项目材质"列表，包含项目材质和材质库。"项目材质"列表中列出当前可用的材质，也列出案例中所使用的材质。如果在项目材质中没有适合的材质，可以自己新建编辑，也可在材质库中选取，包括 Autodesk 材质库和 AEC 材质库。对话框右侧是"材质编辑器"，在"项目材质"列表中选择一种材质，"材质编辑器"区域便会显示该材质所有的属性信息，包括标识、图形、外观、物理和热量等。

1）创建新材质

在"材质浏览器"对话框底部"新建并复制材质"图标左下方，单击"新建材质"按钮，在列表中出现"默认为新材质"选项，创建新材质。右击新建材质，在弹出的快捷菜单中选择"重命名"命令，给新材质命名，以便识别。此时创建的新材质是没有外观和图形等属性的，如图 2.10.9 所示。

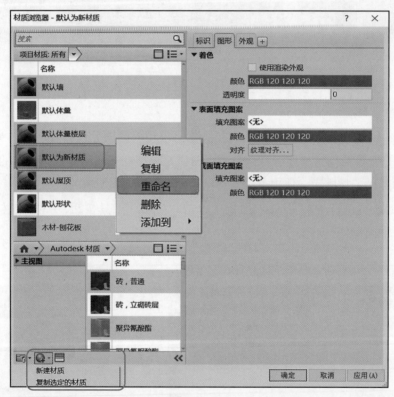

图 2.10.9

对话框底部单击"打开 / 关闭资源浏览器"按钮，在弹出的"资源浏览器"对话框的外观库中选择外观图元，如图 2.10.10 所示。

外观库里只有外观纹理和颜色，在渲染视图、真实和光线追踪显示样式中显示出来。在外观库里选择外墙材质，在资源列表中列出所有砖石材质，将光标移动至某种材质时，右侧会显示"替换"按钮，单击"替换"按钮即将新建材质外观设置为所选材质，如图 2.10.11 所示。

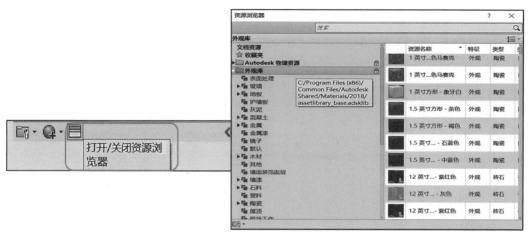

图　2.10.10

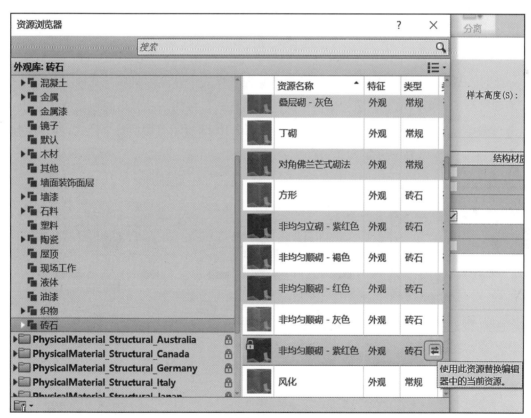

图　2.10.11

关闭"资源浏览器"对话框，刚刚选择的材质已经替换之前默认的材质，如图 2.10.12 所示。

图　2.10.12

此时，只有在渲染视图、真实和光线追踪视觉样式中显示出材质，其他视觉样式是看不到材质的。可以单击视图控制栏中的"视觉样式"按钮，在弹出的视觉样式列表中单击视觉样式的名称观看其材质显示样式，如图 2.10.13 所示。切换各个样式，可得到如图 2.10.14 ~ 图 2.10.19 所示的显示效果。

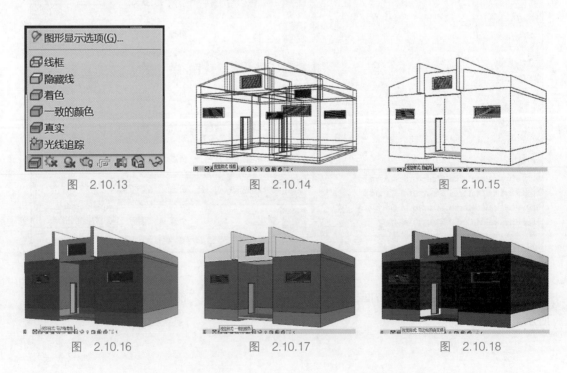

图　2.10.13　　　　　　图　2.10.14　　　　　　图　2.10.15

图　2.10.16　　　　　　图　2.10.17　　　　　　图　2.10.18

"线框"样式：以线框的形式显示建筑模型，如图 2.10.14 所示。占用系统内存空间少，但不利于观察复杂的建筑模型。

"隐藏线"样式：以面的形式显示建筑模型，建筑可见面后边的模型线被隐藏，如图 2.10.15 所示。

"着色"样式：模型赋予材质后，可显示材质设置的颜色及填充的图案，此图没有在"图形"选项栏中设置相关颜色和图案，所呈现的是默认设置，如图 2.10.16 所示。

"一致的颜色"样式：显示样式与"着色"样式类似，模型材质颜色受"材质浏览器"里"材质编辑器"中的"图形"选项栏中"着色"和"填充图案"参数影响。"着色"与"一致的颜色"样式的区别在于有无考虑光照的影响，模型有无明暗之分，如图 2.10.17 所示。

"真实"样式：显示模型材质真实的样式，呈现较为真实的效果，如图 2.10.18 所示。

"光线追踪"样式：真实照片级渲染模式，如图 2.10.19 所示。在该样式下可以平移和缩放模型。在进入"光线追踪"样式期间可以从"图形显示选项"中设置相关参数，如图 2.10.20 所示。使用这种样式时占用系统内存空间多。视觉样式有 6 种样式，占用系统内存空间由上往下递增，其显示也越真实。

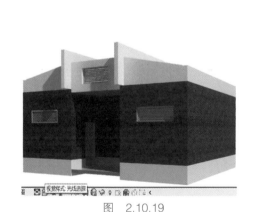

图　2.10.19

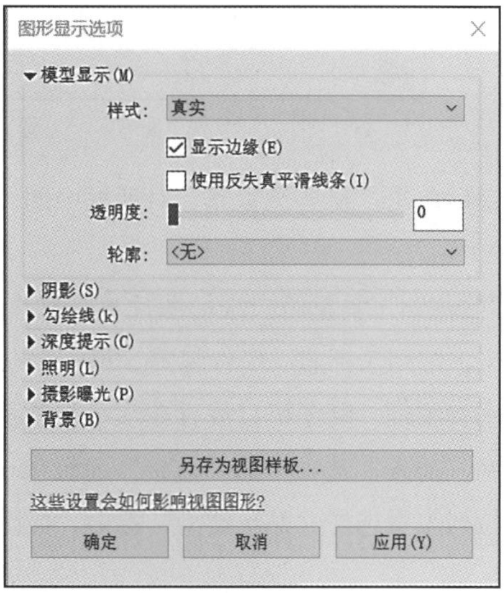

图　2.10.20

基于计算机内存空间的考虑，一般常用的视觉样式为"着色"样式。如果需要与渲染外观纹理图片颜色一致，那么就需要在"材质浏览器"里"材质编辑器"中的"图形"选项栏中进行设置。

在"图形"选项栏的"着色"选项组中勾选"使用渲染外观"复选框，是指模型在"着色"样式下构件的颜色与外观所渲染的纹理图片颜色将保持一致，再通过"表面填充图案"选项组中的"填充图案"进行设置，如图 2.10.21 所示。

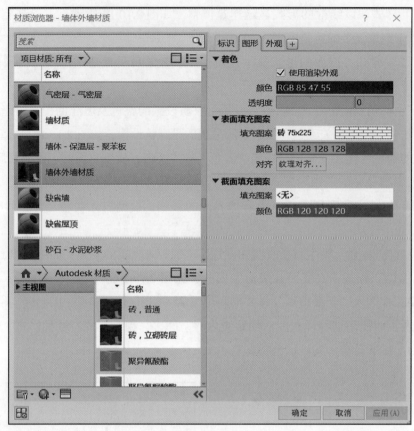

图　2.10.21

最后单击"材质浏览器"对话框中的"确定"按钮，完成新材质的创建。

2）贴花

"贴花"工具是将二维的图片直接贴在三维的模型表面上，"真实"样式在渲染时能显示出来，常用于标志、广告牌等。每一个贴花可以指定一个图像，可以设置其大小、亮度、反射率和纹理。贴图可以放置在水平、垂直、斜面和圆形表面上。

在"插入"选项卡的"链接"面板中单击"贴花"命令下的向下三角形按钮，在弹出的下拉列表中选择"贴花类型"选项，如图 2.10.22 所示。

图　2.10.22

单击"贴花类型"对话框左下角的"新建贴花"按钮，在弹出的"新贴花"对话框中设置贴花名称，如图 2.10.23 所示。

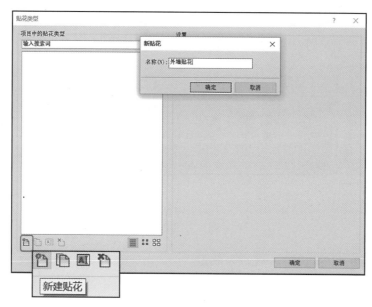

图　2.10.23

设置好新贴花名称后，在"贴花类型"对话框右侧"设置"选项组便出现设置选框，可以进行设置。

单击"设置"选项组中"源"右侧的按钮 ，在弹出的"选择文件"对话框中查找合适的图像文件，再载入到项目中。

载入到项目中后，"源"选项中显示图像名称，并可以预览图像，如图 2.10.24 所示。预览图下方是图像的显示参数，可进行设置来控制显示效果。单击"确定"按钮，完成贴花的创建。

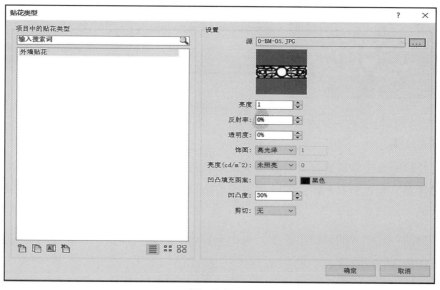

图　2.10.24

链接好贴花后，在"插入"选项卡的"链接"面板中单击"贴花"命令下的向下三角形按钮，在弹出的下拉列表中选择"放置贴花"选项，如图 2.10.25 所示。

图　2.10.25

在需要放置贴花的位置上单击即可放置。

选择放置好的贴花，可激活角点上蓝色的夹点，拖曳夹点可调整贴花尺寸。勾选"固定宽高比"复选框，则贴花大小是等比缩放的状态，去掉复选框上的对钩，则可以任意改变其宽高值。也可以在"选项栏"或"属性"面板中设置贴花的尺寸，如图 2.10.26 所示。

 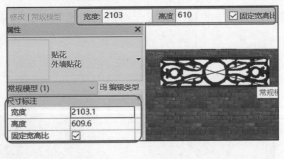

图　2.10.26

3. 渲染设置

创建好渲染视图和设置好材质，接下来可以进行模型的渲染设置和渲染。为了得到更好的渲染效果，需要根据不同的需求来进行渲染设置，包括输出的分辨率、模型的光照和渲染质量等。

在"视图"选项卡的"演示视图"面板中单击"渲染"命令按钮，弹出"渲染"对话框，如图 2.10.27 所示。

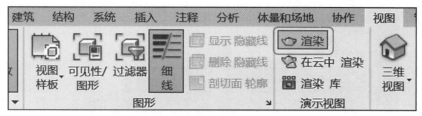

图　2.10.27

"渲染"对话框各用途和参数功能说明如图 2.10.28 所示。

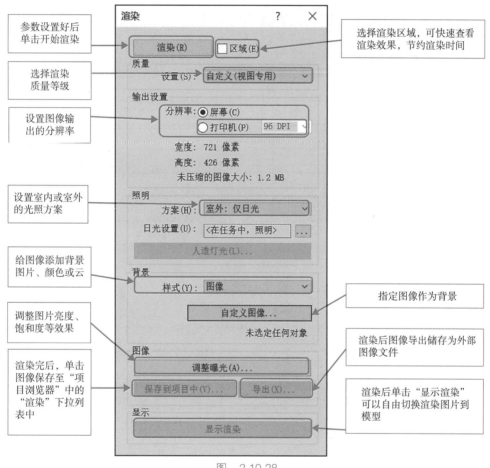

图　2.10.28

　　勾选"区域"复选框，在渲染视图中显现一个矩形的红色渲染范围边框线。选中边框线，激活边框的蓝色夹点，调整夹点和边线位置，调整渲染区域，如图 2.10.29 所示。

　　单击"质量"选项组中"设置"右侧的下拉列表按钮，在弹出的列表中选择质量等级，从上至下渲染质量递增，但所需的渲染时间也更长。

　　在"设置"下拉列表中选择"编辑"选项，弹出"渲染质量设置"对话框，可自行编辑渲染质量参数，如图 2.10.30 所示。

图　2.10.29

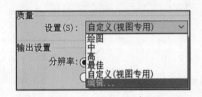

图　2.10.30

在"输出设置"选项组中"分辨率"选项有"屏幕"和"打印机"两种，默认为"屏幕"，即输出图形大小等于屏幕上的显示大小，渲染时间短，但图像的分辨率低。选择"打印机"选项，按每英寸点数（DPI）来指定图像分辨率，则输出图像按打印效果，但相应占用较大的系统资源，耗时也较长。

设置完成后，单击"渲染"按钮开始渲染。弹出"渲染进度"对话框，显示渲染进度。可以随时单击"停止"按钮或按 Esc 键取消渲染。勾选"当渲染完成时关闭对话框"复选框，渲染完成后此对话框会自行关闭，如图 2.10.31 所示。

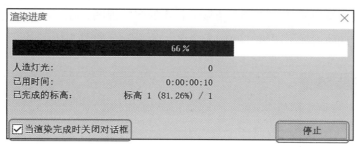

图 2.10.31

渲染完成后，单击"渲染"对话框中的"保存到项目中"按钮，将渲染出来的图像重命名后保存至"项目浏览器"中的"渲染"下拉列表中，如图 2.10.32 所示。

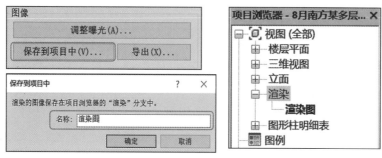

图 2.10.32

4. 出图

1）创建图纸

在"视图"选项卡的"图纸组合"面板中单击"图纸"工具按钮，在弹出的"新建图纸"对话框中选择需要的图纸，单击"确定"按钮，如图 2.10.33 所示。

图 2.10.33

单击"确定"按钮后，视图会自动显示新建的图纸视图，在"项目浏览器"中的"图纸"下拉列表中自动添加了图纸"001- 未命名"的视图，如图 2.10.34 所示。

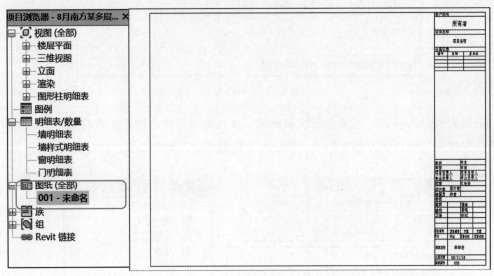

图　2.10.34

2）布置视图

创建图纸后，可以在图纸中添加一个或多个视图。放置视图有两种方式：第一种，单击"图纸组合"面板中的"视图"工具按钮，弹出的"视图"对话框包含了本项目中所有可用的视图，选择"渲染效果"视图，单击"在图纸中添加视图"按钮，将光标移到图纸空白处放置视图；第二种，当前视图为图纸视图，打开"项目浏览器"，单击"渲染"列表中的"渲染效果"视图，拖曳到图纸空白处放置视图，如图 2.10.35 所示。

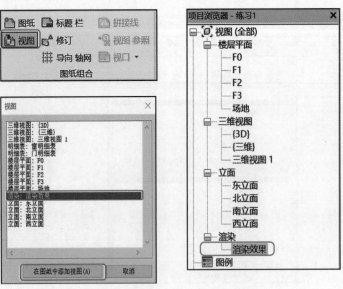

图　2.10.35

　　渲染视图拖曳到图纸中，其图纸名称并没有改变，依旧是"001- 未命名"，需要更改图名。可以直接单击"属性"面板中"图纸名称"后的"未命名"，更改名称为"渲染效果"；也可以右击"项目浏览器"中"图纸"下拉列表中的"001- 未命名"，在弹出的快捷菜单中选择"重命名"命令，在弹出的"图纸标题"对话框中更改图名为"渲染效果"。如图 2.10.36 所示。

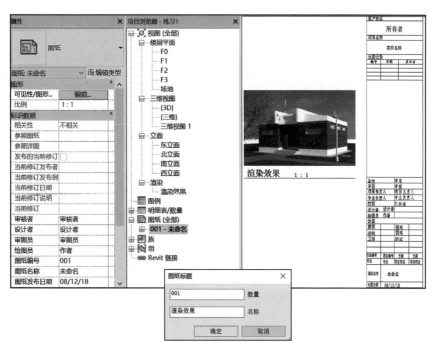

图　2.10.36

　　渲染效果的图像可以改变大小，选择图像，在"修改｜视口"上下文选项卡的"视口"面板中单击"激活视图"工具按钮，此时"图纸标题栏"灰显，图像四角出现拖曳点，如图 2.10.37 所示。

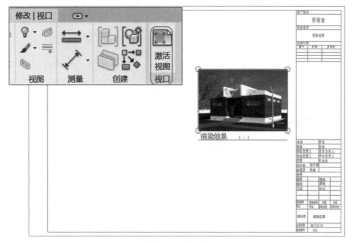

图　2.10.37

　　将渲染图像拖曳到适合大小，右击，在弹出的快捷菜单中选择"取消激活视图"命令。完成图像大小的调整，如图 2.10.38 所示。

图　2.10.38

　　将图纸名称拖曳至图像下方，图名下方延长线太长，选择图像，图名的延长线出现拖曳点，调整至合适的长度，如图 2.10.39 所示。

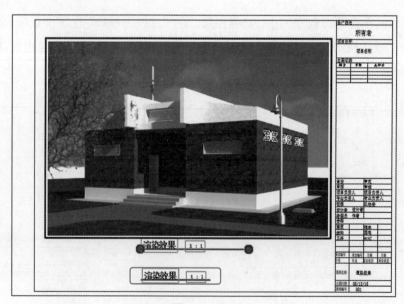

图　2.10.39

3) 打印出图

单击"文件"选项卡，在弹出的下拉列表中单击"导出"按钮，单击"图像和动画"中的"图像"工具按钮。在弹出的"导出图像"对话框中单击"修改"按钮，设置图像导出的位置。然后设置导出范围与图像尺寸，如图 2.10.40 所示。

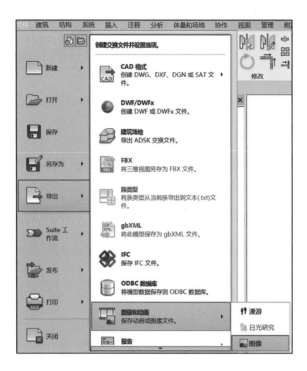

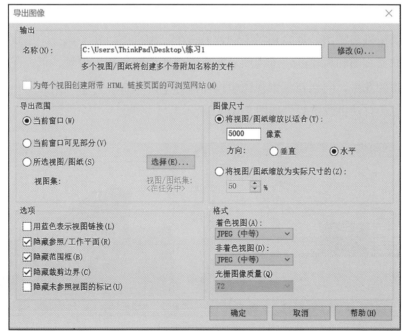

图　2.10.40

设置完成后，单击"确定"按钮，完成图像的输出。

2.10.4 任务操作方法与步骤

1. 创建渲染视图

在"项目浏览器"中切换至任意平面视图，在"视图"选项卡中单击"创建"面板中的"三维视图"工具按钮，右侧弹出下拉列表，在列表中单击"相机"工具按钮，如图 2.10.41 所示。

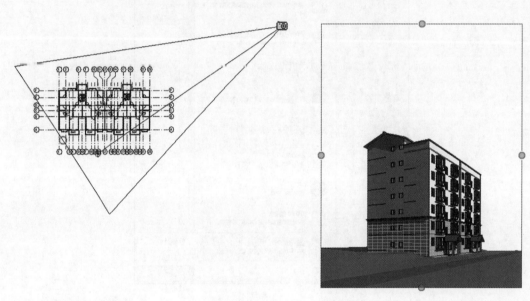

图　2.10.41

如果需要渲染鸟瞰图，那么还需要创建另一个三维视图。在平面视图中设置好相机的位置，平铺立面视图和新建的三维视图。在立面视图中调整相机位置，可在三维视图中直观地看到调整的效果，同样在三维视图中按住鼠标中键 +Shift 键来调整显示角度，立面视图中的相机也会自动更改位置，如图 2.10.42 所示。

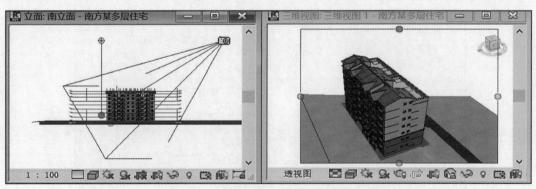

图　2.10.42

2. 设置渲染材质

以墙体面砖为例。在前面的墙体绘制时，已添加了外墙面材质，但并没有对材质外观进行设置，下面讲解一下墙体的渲染材质的添加。

单击一、二层墙体，弹出墙体"属性"面板，单击"编辑类型"按钮，在弹出的"类型属性"对话框中单击"构造"选项组中"结构"后的"编辑"按钮，进入"编辑部件"对话框，再选择"面层 1"的"材质"，进入"材质浏览器"对话框，找到"F1-F2 外墙面砖"，在"材质浏览器"对话框中的"外观"选项中单击 按钮，弹出"资源浏览器"对话框，在"资源浏览器"对话框中选择需要的材质，如图 2.10.43 所示。

图　2.10.43

选择墙体材质"砖石"下拉列表中的"拆分面叠层砌 - 褐色"选项，单击右侧"替换"按钮，然后单击"关闭"按钮关闭对话框，如图 2.10.44 所示。

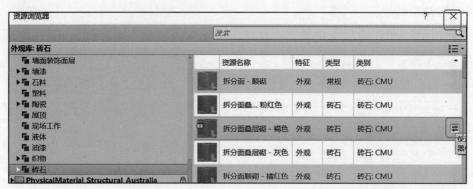

图　2.10.44

在"材质浏览器"对话框的右侧区域显示该材质的属性信息，可以单击"图像"按钮，在弹出的"纹理编辑器"对话框中查看和编辑具体的纹理样式，如图 2.10.45 所示。

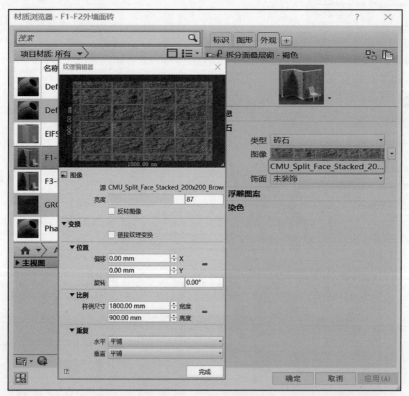

图　2.10.45

单击"材质浏览器"对话框中的"确定"按钮完成渲染材质外观的添加。

3. 渲染设置

在"渲染"对话框中，"质量"设置为"高"或"最佳"；"输出"设置为"打印机"，选择"300DPI"或"600DPI"；"照明"方案为"室外：仅日光"；"日光"设置为默认；"背景"设置为"天空：少云"。

设置完成后，单击"渲染"按钮进行渲染，并弹出"渲染进度"对话框显示渲染进度，如图 2.10.46 所示。

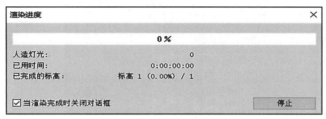

图　2.10.46

完成渲染后，"渲染进度"对话框自动关闭，单击"渲染"对话框中的"保存到项目中"按钮，并单击"导出"按钮将渲染图像导出为外部图像文件，完成渲染的工作。

4. 图纸导出

在"视图"选项卡的"图纸组合"面板中单击"图纸"工具按钮，在弹出的"新建图纸"对话框中选择需要的图纸，如果没有合适的标题栏选项，单击右上角的"载入"按钮，在弹出的"载入族"对话框中选择"标题栏"选项，在弹出的"标题栏"中选择合适的标题栏，单击"打开"按钮载入到项目中。选择载入的标题栏，单击"确定"按钮即可创建一个图纸视图。

当前视图会自动显示新建的图纸视图，在"项目浏览器"的"渲染"下拉列表中找到刚渲染完的图像，单击并拖曳至图纸空白处，双击图像激活视图，调整图像大小，完成后右击，取消激活视图命名，完成图像的调整，如图 2.10.47 所示。

图　2.10.47

将图纸名称拖曳至图像下方，在"属性"面板的"图纸名称"后的"未命名"文本框中输入名称为"渲染效果"，图名下方延长线太长，选择图像，图名的延长线出现拖曳点，调整至合适的长度，如图 2.10.48 所示。

图 2.10.48

最后单击"文件"选项卡，在弹出的下拉列表中单击"导出"按钮，选择"图像和动画"中的"图像"按钮。在弹出的"导出图像"对话框中单击"修改"按钮，选择导出的路径位置，"导出范围"为"当前窗口"，改图像尺寸为 5000 像素（一般标准印刷是300 像素，A3 纸的尺寸图像的像素是 4960×3508），设置完成后单击"确定"按钮，如图 2.10.49 和图 2.10.50 所示。

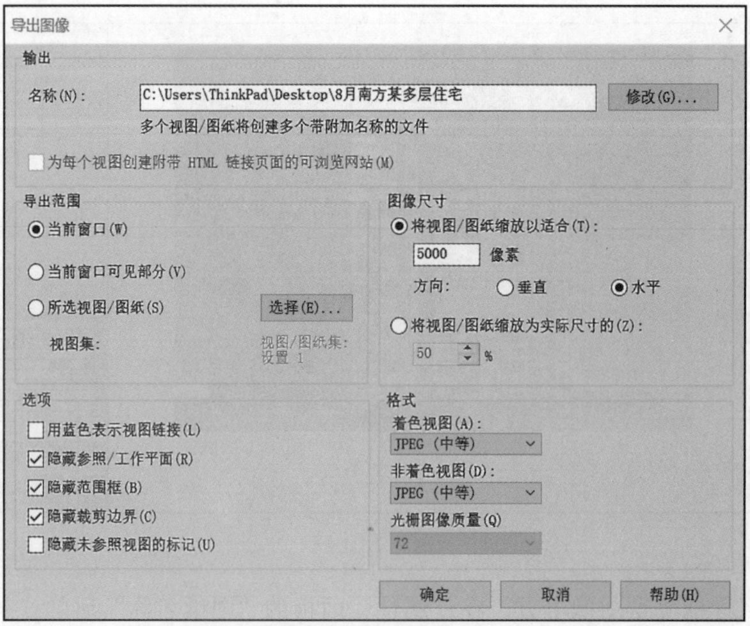

图 2.10.49

图 2.10.50

完成后保存该项目文件。请在"实训项目\模块 2 Revit 常规信息模型创建\源文件\
2.10 渲染与出图\成果模型\南方某多层住宅 - 渲染与出图 .rvt"项目文件中查看最终结果。

2.10.5 任务评价

本任务强调课程考核与评价的整体性，采用过程性考核与结果性考核相结合的方式，
按照学生自评、学生互评和教师评阅相结合的原则，从出勤率、训练表现、训练内容质量
及成果、问题答辩四方面进行综合考核。最终任务成果的评分标准如表 2.10.1 所示。

表 2.10.1 评分标准

班级_____   任课教师_____   日期_____

序号	学生姓名	考核方式	评价内涵及能力要求				评分	权重	成绩
			出勤率	训练表现	训练内容质量及成果	问题答辩			
			只扣分不加分	20 分	60 分	20 分			
			1. 迟到一次扣 2 分，旷课一次扣 5 分 2. 缺课 1/3 学时以上，该专项能力不记分	1. 学习态度端正（10 分） 2. 积极思考问题、动手能力强（10 分）	1. 正确使用软件完成任务书要求（30 分） 2. 模型成果符合制图标准（30 分）	1. 解决实际存在的问题（10 分） 2. 结合实践、灵活运用（10 分）			
		学生自评						30%	
		学生互评						30%	
		教师评阅						40%	

模块 3　Revit 概念体量模型创建

实训任务 3.1　族

3.1.1　任务目的

知识要求：族是涵盖图形表达和其参数化信息集的图元组，是组成项目的主要构件，也是 Revit 2018 中一个非常重要的组成要素。Revit 是建筑信息模型的应用软件，项目模型中的几何信息、物理信息和项目信息都会存在于对应族的信息里面。所以族是信息的载体，也是模型参数化的具体体现。族对于学习 Revit 2018 是至关重要的。通过本次任务的学习，学生能够理解族的概念和特点，掌握族的使用和创建方法。

思政目的：通过学习族的概念和特点，掌握族的创建和使用方法，增强学生遵守标准和规范的意识，引导学生加强理想信念教育，传承中华文明，培养富贵不能淫、贫贱不能移、威武不能屈的浩然正气。

3.1.2　任务要求

（1）以"公制轮廓 - 分隔条"为族样板，创建如图 3.1.1 所示的轮廓族样式。

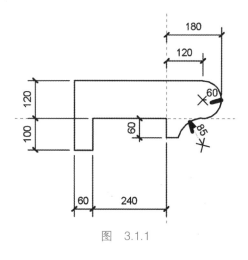

图　3.1.1

（2）以"公制窗"为族样板，创建下层固定双层单列凸窗族。窗户图形样式及参数信息如图 3.1.2 和表 3.1.1 所示。

图　3.1.2

表 **3.1.1**　窗户参数信息

序号	参数名称	参数类型	备注
1	窗台板材质	类型参数	材质和装饰
2	玻璃材质	类型参数	
3	窗框材质	类型参数	
4	高度	类型参数	尺寸标注
5	宽度	类型参数	
6	上部窗扇高	类型参数	
7	窗台板外挑	类型参数	
8	窗台边外挑	类型参数	
9	窗台板厚	类型参数	
10	默认窗台高	实例参数	其他

3.1.3　任务知识链接

1. 族的基本知识

1）族的分类

Revit 2018 中的族共分为三类：系统族、可载入族和内建族。

（1）系统族

系统族包括墙体、屋顶、楼板、标高、轴网和尺寸标注等，是用于项目模型创建的基本图元。系统族通常是 Revit 预先储存于项目样板中，不能被创建、复制、删除和另存为，但是系统族类型是可以进行复制、重命名并修改其参数值的。

　　如图 3.1.3 所示，"系统族：基本墙"的类型为"常规 -200mm"，可以通过"复制"按钮修改其结构参数，从而生成一个新的基本墙类型。

图　3.1.3

（2）可载入族

可载入族主要分为体量族、模型族和注释族三类。

可载入族是可以在项目外部创建、修改、复制和单独保存为"*.rfa"格式文件的族，因此可载入族具有较强的自定义特性。例如门族、窗族、植物族和家具族等都可以在 Revit 2018 提供的族编辑器中创建完成之后，通过"载入族"命令加载到项目中，为项目使用。

　　如图 3.1.4 所示，在"插入"选项卡的"从库中载入"面板中单击"载入族"工具按钮，可以在软件自带的族库中或者是外部文件中选择需要的族文件，单击"打开"按钮，即可载入到项目中。

图 3.1.4

（3）内建族

内建族和可载入族相似，都是可以被创建、修改和复制的族文件。不同之处在于内建族是在项目内部进行创建，适应并针对当前项目需要而创建的，是其特有的专属图元。

内建族和系统族相同之处在于，既不能从外部的文件载入到项目中，也不能将项目中的内建族保存至外部文件。它主要是用于创建一些特殊的、不常见的几个图形，或者是必须参照当前项目中其他图形元素创建的族文件。

2）族样板

在 Revit 2018 中创建新族，如图 3.1.5 所示，单击"文件"选项卡，进入应用程序菜单，在"新建"下拉列表中选择"族"命令，或者在欢迎界面单击"族"选项区域中的"新建"按钮，都将自动弹出"新族 - 选择样板文件"对话框。可以发现必须选择合适的族样板文件，才能进入族编辑器创建需要的新族。

Revit 2018 提供了大量的族样板文件，因为是用于创建不同的族，所以族样板之间的用途和族编辑界面差别也很大。

图　3.1.5

注意

族样板主要分为以下两大类。

（1）二维族样板：一般用于创建轮廓、注释、标题栏和详图等非模型类图元，是平面的族编辑环境。

（2）三维族样板：这类族样板的种类比较多，主要分为有主体的（如基于墙体的门族、窗族等）、无主体的（如管道、自适应族等）和特殊类别的（图案嵌板、钢筋等）。

3）族参数

族通过各种参数驱动，使之能够在不同项目中具有可变性和适应性。

存在于项目中的每一个图元都是一个"实例"。所以"实例参数"就是被个体图元所拥有的参数，修改"实例参数"只会影响某一个图元，不会影响相同类型的其他实例。如图 3.1.6 所示，凸窗 - 双层两列族，2400mm × 1800mm 类型，在"属性"面板中可以看到实例参数"底高度"，修改其数值，即可更改被单击选择的图元的底高度。

由于存在一些批量修改的问题，每一个实例单独操作过于麻烦，所以 Revit 设定了"类型参数"。某族类型的"类型参数"被修改，即可批量修改此类型的所有图元。

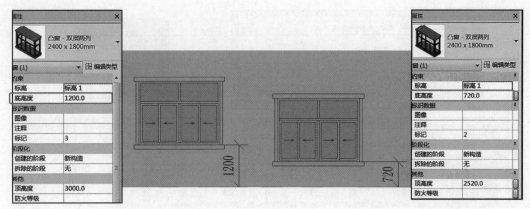

图 3.1.6

2. 三维模型族

在 Revit 2018 中创建三维模型族，需要在欢迎界面单击"族"选项区域中的"新建"按钮，在弹出的"新族 - 选择样板文件"对话框中选择一个三维模型族样板文件，单击"确定"按钮进入族编辑器。

如图 3.1.7 所示，在"创建"选项卡的"形状"面板中可以看到，创建模型族的工具主要分为两类：实心形状和空心形状。这两大类都有拉伸、融合、旋转、放样和放样融合五种创建方式。

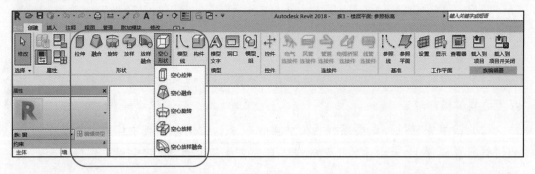

图 3.1.7

下面分别介绍几种工具的使用方法。

1）拉伸

"拉伸"工具是通过绘制单一闭合轮廓，让轮廓在垂直于轮廓平面的方向上进行拉伸生成的模型形状。

新建族时，选择"公制常规模型"族样板文件，进入族编辑器。如图 3.1.8 所示，在"创建"选项卡的"形状"面板中单击"拉伸"工具按钮，Revit 2018 将自动切换至"修改｜创建拉伸"上下文选项卡。

在"绘制"面板中选择"直线"绘制方式，绘制一个封闭的轮廓，在"选项栏"中设置

"深度"数值为"1200",勾选"链"复选框,单击"模式"面板中的"完成编辑模式" ✔
按钮,即可得到拉伸形状。

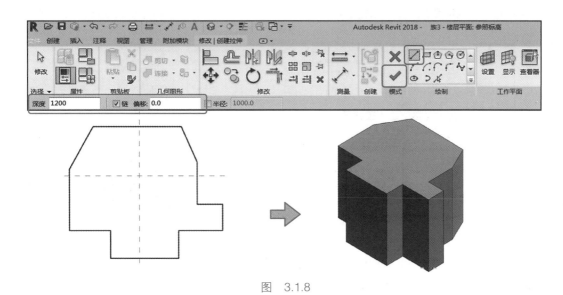

图　3.1.8

单击选择拉伸的形状,如图 3.1.9 所示,Revit 2018 自动切换至"修改｜拉伸"上下文
选项卡,可以通过拖曳形状上的三角形夹点更改拉伸形状,或者单击"模式"面板中的"编
辑拉伸"按钮,进入迹线模式编辑拉伸形状。通过"属性"面板可以精确修改拉伸的起点
和终点,给拉伸形状添加参数。

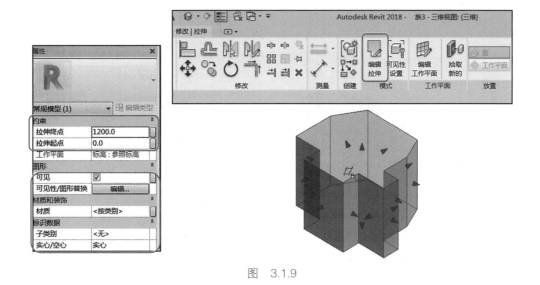

图　3.1.9

2)融合

"融合"工具是通过绘制两个平行的相同或不同截面样式的闭合轮廓生成的形状。

新建族时，选择"公制常规模型"族样板文件，进入族编辑器。如图 3.1.10 所示，在"创建"选项卡的"形状"面板中单击"融合"工具按钮，Revit 2018 将自动切换至"修改|创建融合底部边界"上下文选项卡。

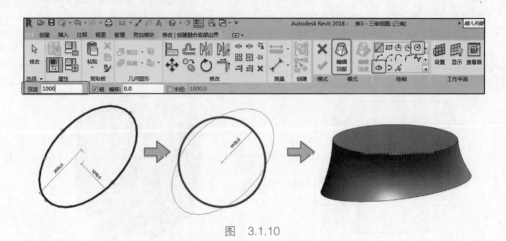

图 3.1.10

在"绘制"面板中选择"椭圆"绘制方式，绘制任意椭圆，在"选项栏"设置"深度"数值为"1000"，单击"模式"面板中的"编辑顶部"工具按钮，更换绘制方式为"圆形"，即可在距离底部 1000mm 的平行平面位置绘制顶部圆形轮廓。单击"模式"面板中的"完成编辑模式" ✔ 按钮，即可得到融合形状。

如图 3.1.11 所示，单击选择生成的融合形状，可以在"修改|融合"上下文选项卡中单击"编辑顶部"和"编辑底部"工具按钮来修改顶、底部轮廓迹线；也可以通过"属性"面板修改第一端点和第二端点之间的间距，并为形状添加参数。

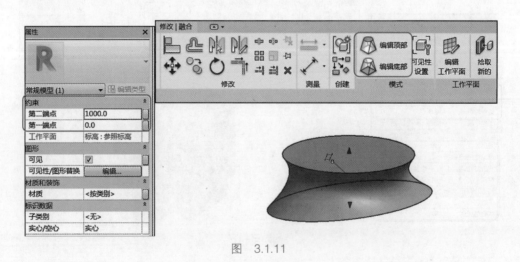

图 3.1.11

3）旋转

"旋转"工具是在同一平面上绘制一条旋转轴和一个闭合轮廓生成的形状。

新建族时，选择"公制常规模型"族样板文件，进入族编辑器。如图 3.1.12 所示，在"创建"选项卡的"形状"面板中单击"旋转"工具按钮，Revit 2018 将自动切换至"修改 | 创建旋转"上下文选项卡。

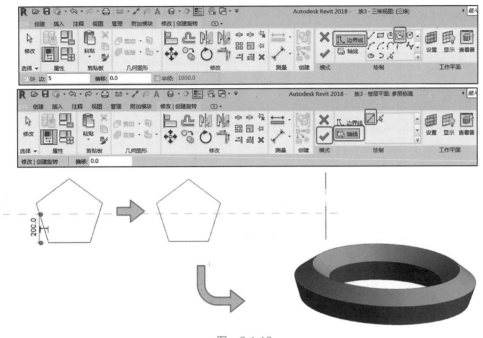

图　3.1.12

在"绘制"面板中选择"边界线"的绘制方式为"多边形"，在"参照标高"视图中绘制任意多边形，单击选择"绘制"面板中"轴线"的绘制方式为"直线"，在距离"边界线"形状一定距离处绘制轴线，单击"模式"面板中的"完成编辑模式" ✔ 按钮，即可得到旋转形状。

如图 3.1.13 所示，单击选择生成的旋转形状，可以在"修改 | 旋转"上下文选项卡的"模式"面板中单击"编辑旋转"工具按钮来修改旋转轮廓迹线；也可以通过"属性"面板修改旋转起始和结束角度，并为形状添加参数。

图　3.1.13

4）放样

"放样"工具是通过绘制一条路径和通过这条路径的闭合轮廓生成的模型形状。

新建族时，选择"公制常规模型"族样板文件，进入族编辑器。如图 3.1.14 所示，在"创建"选项卡的"形状"面板中单击"放样"工具按钮，Revit 2018 将自动切换至"修改 | 放样"上下文选项卡。

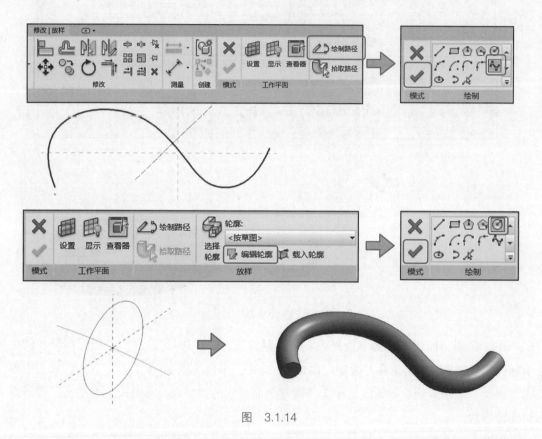

图　3.1.14

在"放样"面板中单击选择"绘制路径"工具按钮，进入"修改 | 放样 > 绘制路径"上下文选项卡，在"绘制"面板中选择"样条曲线"方式，进入"参照标高"视图，绘制一条路径。单击"模式"面板中的"完成编辑模式" ✔ 按钮，回到"修改 | 放样"上下文选项卡。

如果有编辑好的二维轮廓族，可以通过"载入轮廓"命令载入族编辑器中；如果没有，可以单击"编辑轮廓"工具按钮，自动切换至"修改 | 放样"上下文选项卡中的"编辑轮廓"工具，在"绘制"面板中选择"圆形"方式，进入"三维"视图，在十字光标处绘制轮廓截面。单击"模式"面板中的"完成编辑模式" ✔ 按钮两次，即可得到放样形状。

单击放样形状可以对其进行编辑，也可以在"属性"面板中为放样形状添加参数。

5）放样融合

"放样融合"工具是通过绘制一条路径和通过这条路径的两个不同截面轮廓，综合生成的模型形状。

新建族时，选择"公制常规模型"族样板文件，进入族编辑器。如图 3.1.15 所示，在"创建"选项卡的"形状"面板中单击"放样融合"工具按钮，Revit 2018 将自动切换至"修改｜放样融合"上下文选项卡。

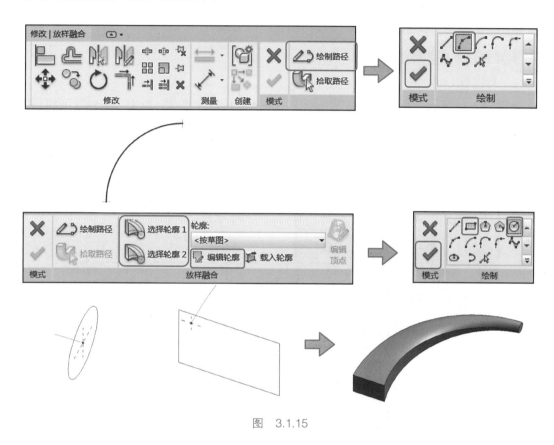

图 3.1.15

在"放样融合"面板中选择"绘制路径"命令，进入"修改｜放样 > 绘制路径"上下文选项卡，在"绘制"面板中选择"起点 - 终点 - 半径弧"方式，绘制一条路径。单击"模式"面板中的"完成编辑模式" ✔ 按钮，回到"修改｜放样融合"上下文选项卡。

如果有编辑好的二维轮廓族，可以通过"载入轮廓"命令载入到族编辑器中；如果没有，可以单击"选择轮廓 1"按钮，再单击"编辑轮廓"工具按钮，自动切换至"修改｜放样融合 > 编辑轮廓"上下文选项卡，在"绘制"面板中选择"圆形"方式，进入"三维"视图，在激活的十字光标处绘制轮廓截面。单击"模式"面板中的"完成编辑模式" ✔ 按钮。

继续单击"选择轮廓 2"按钮，再单击"编辑轮廓"按钮，在"绘制"面板中选择"矩形"方式，在激活的十字光标处绘制轮廓截面，单击"模式"面板中的"完成编辑模式" ✔ 按钮两次，即可得到放样融合形状。

单击放样融合形状可以对其进行编辑，也可以在"属性"面板中为放样融合形状添加参数。

6）空心形状

空心形状的创建方法与实心形状是相同的，包括有空心拉伸、空心融合、空心旋转、空心放样和空心放样融合，其使用方法也是一样的，所以不再赘述。只是空心形状是在实心形状的基础上进行剪切而得到的另外形状。

3.1.4　任务操作方法与步骤

1. 根据任务要求创建轮廓族

1）新建族

如图 3.1.16 所示，单击"文件"选项卡，进入应用程序菜单，单击"新建"下拉列表中的"族"按钮，Revit 2018 将自动弹出"新族 - 选择样板文件"对话框，在对话框中选择"公制轮廓 - 分隔条"族样板文件，单击"打开"按钮进入族编辑器。

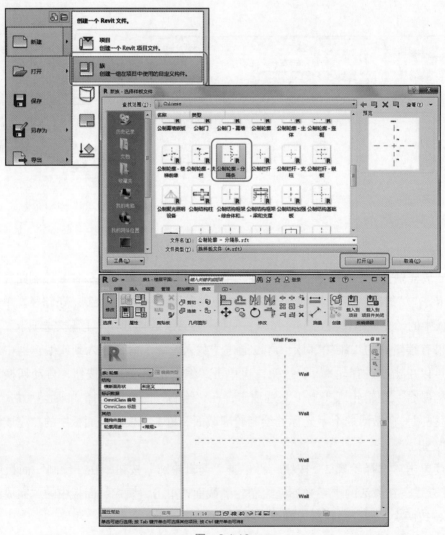

图　3.1.16

2）创建轮廓

在"创建"选项卡的"详图"面板中选择"线"命令，如图 3.1.17 所示，Revit 2018
将自动切换至"修改｜放置 线"上下文选项卡，在"绘制"面板中选择"直线"绘制
方式，确认"选项栏"中勾选了"链"复选框。

图　3.1.17

如图 3.1.18 所示，在绘图区域绘制图案。

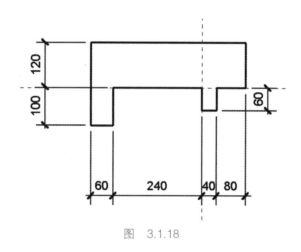

图　3.1.18

> **注意**
>
> 　　绘制区域两参照平面的交点是轮廓族导入至项目中的控制点。其中"中心（左 /
> 右）"参照平面的左边是墙内，右边是墙外；"中心（前 / 后）"参照平面的上面的轮廓
> 是突出于选择墙体之上的部分。

继续在"绘制"面板中选择"起点 - 终点 - 半径弧"◢ 命令，如图 3.1.19 所示，在
AB 两点之间和 BC 两点之间绘制半径弧，确定 AB 两点间半径弧半径为 60mm，BC 两点
间半径弧半径为 85mm。

完成后保存该族文件。请在"实训项目 \ 模块 3　Revit 概念体量模型创建 \ 源文件 \3.1
族 \ 成果模型 \ 分隔缝轮廓 .rfa"族文件中查看最终结果。

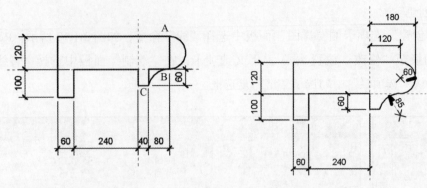

图　3.1.19

2. 根据任务要求创建窗族

1）新建窗族

如图 3.1.20 所示，单击"文件"选项卡，进入应用程序菜单，单击"新建"下拉列表中的"族"按钮，Revit 2018 将自动弹出"新族 - 选择样板文件"对话框，在对话框中选择"公制窗"族样板文件，单击"打开"按钮进入族编辑器。

可以发现，在"公制窗"族样板中已经设置好了"高度""宽度"和"默认窗台高度"三个参数。

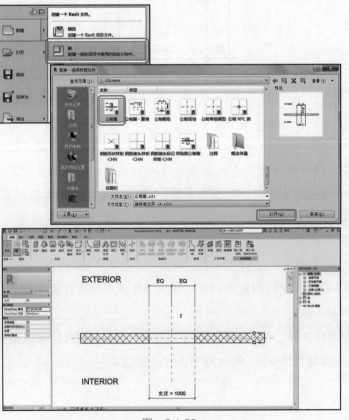

图　3.1.20

2）设置参照平面

利用"项目浏览器"进入"立面 - 外部"视图，如图 3.1.21 所示，在"创建"选项卡的"基准"面板中单击"参照平面"工具按钮，Revit 2018 将自动切换至"修改｜放置 参照平面"上下文选项卡，在"绘制"面板中选择"直线"命令，在图示位置分别绘制五个参照平面，并命名为：顶 1、中间、底 1、左 1、右 1。

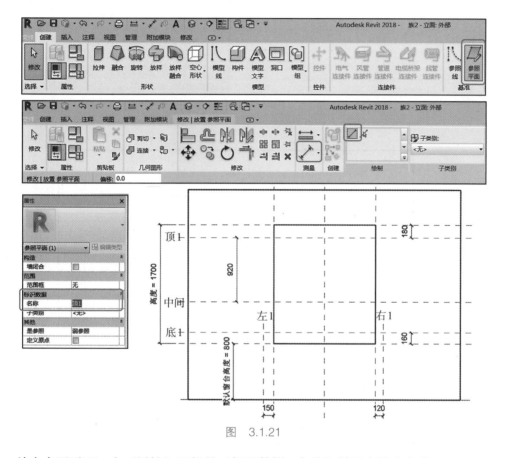

图　3.1.21

单击参照平面，在"属性"面板的"标识数据 - 名称"栏目中输入名称。

在"测量"面板中选择"对齐尺寸标注"命令，为新建参照平面与相邻已有参照平面之间的间距添加尺寸标注。

按住 Ctrl 键选择图 3.1.21 中"180"和"160"两个尺寸标注，如图 3.1.22 所示，单击"标签尺寸标注"面板中的"创建参数"工具按钮，在自动跳出的"参数属性"对话框中输入名称为"窗台板厚"，确认为"类型"参数，"参数分组方式"为"尺寸标注"，单击"确定"按钮完成参数的添加。

选择图 3.1.21 中"920"尺寸标注，用同样的方法添加名为"上部窗扇高"的参数类型。按住 Ctrl 键选择图 3.1.21 中"180"和"160"两个尺寸标注，添加名为"窗台边外挑"的参数类型，如图 3.1.23 所示。

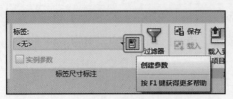

图　3.1.22

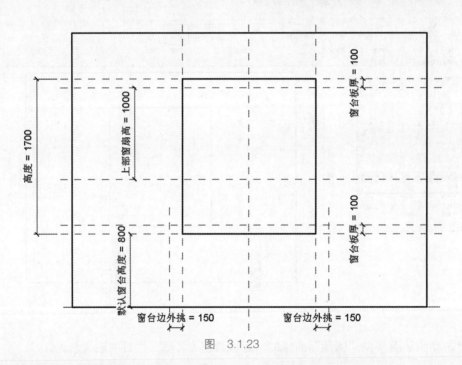

图　3.1.23

　　如图 3.1.24 所示，进入"创建"选项卡，在"工作平面"面板中单击"设置"按钮，Revit 2018 将自动弹出"工作平面"对话框，指定"参照平面"为"窗台"，单击"确定"按钮。在弹出的"转到视图"对话框中选择"楼层平面：参照标高"，单击"打开视图"按钮，即可进入视图绘制。

　　在"创建"选项卡的"基准"面板中单击"参照平面"工具按钮，在"绘制"面板中选择"直线"命令，如图 3.1.25 所示，分别绘制三个参照平面，并命名为：后、后1、后2。其中参照平面"后"需要锁定，并且在"属性"面板中修改"是参照"类型为"后"。

　　在"测量"面板中选择"对齐尺寸标注"命令，为新建参照平面与相邻已有参照平面之间的间距添加尺寸标注，并添加参数"窗台板外挑"和"窗台边外挑"。

图　3.1.24

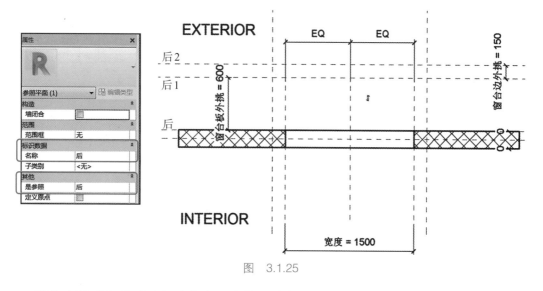

图　3.1.25

　　继续选择"参照平面"命令中"直线"绘制方式，如图 3.1.26 所示的位置分别绘制后 0、左 0、右 0 三个参照平面。为"右"与"右 0"两个参照平面之间添加尺寸标注，更改其间距为 25，单位为"mm"，并锁定距离。用相同的方式控制"左 0"和"后 0"两个参照平面的位置，并锁定距离。

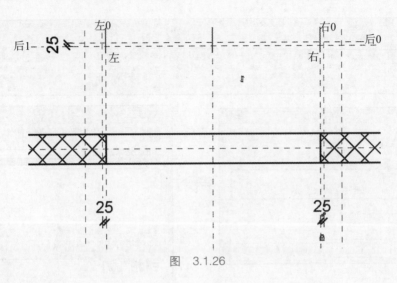

图　3.1.26

3）创建窗台板形状

设置"工作平面"为"窗台"，切换至"楼层平面：参照标高"视图。如图 3.1.27 所示，在"创建"选项卡的"形状"面板中选择"拉伸"命令，Revit 2018 将自动切换至"修改｜创建拉伸"上下文选项卡，在"绘制"面板中选择"直线"绘制方式，按软件界面中玫红色迹线绘制轮廓，并将迹线锁定在相应的参照平面上。

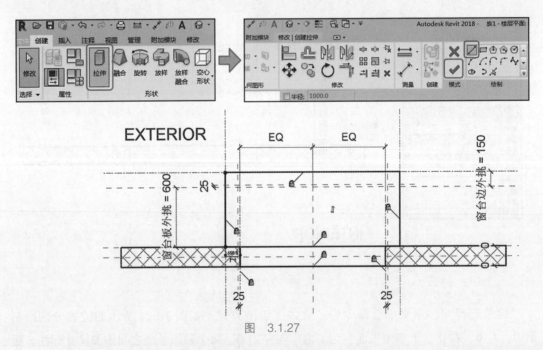

图　3.1.27

单击"模式"面板中的"完成编辑模式" ✔ 按钮。

单击选择创建的拉伸形状，如图 3.1.28 所示，在"属性"面板中设置"标识数据 - 子类别"为"窗台 / 盖板"；单击"拉伸终点"后的"关联族参数"按钮，在弹出的"关

联族参数"对话框中选择"窗台板厚"参数，单击"确定"按钮，即将形状的拉伸终点关
联至"窗台板厚"参数，可随参数值变化而变化。

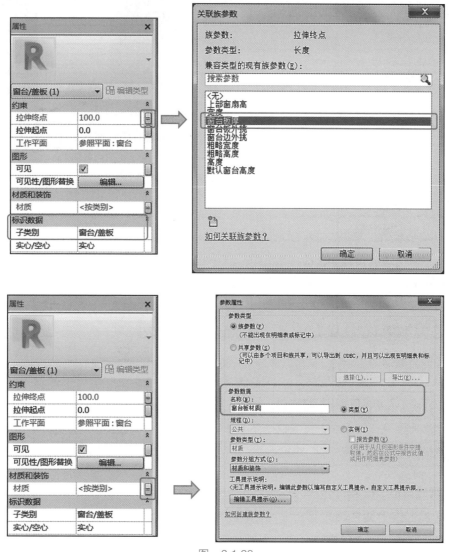

图　3.1.28

　　继续单击"材质"后的"关联族参数"按钮，添加新参数"窗台板材质"与之相
关联。

　　设置工作平面为"顶 1"，切换至"楼层平面：参照标高"视图，重复创建此拉伸形
状，并设置相同的关联参数，如图 3.1.29 所示。

　　单击"属性"面板中的"族类型"工具按钮，可以修改各个参数的数值，驱动模型发生
变化。

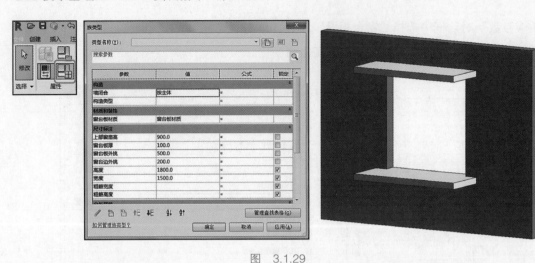

图　3.1.29

4）自定义窗框竖梃轮廓

以"公制轮廓 - 竖梃"为族样板，新建族文件，如图 3.1.30 所示，创建竖梃轮廓族，命名"窗框竖梃轮廓 5050"，并单击"族编辑器"面板中的"载入到项目"按钮载入到新建窗族中。

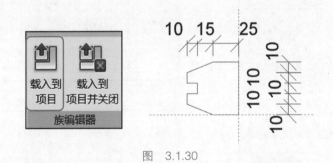

图　3.1.30

5）创建窗框竖梃形状

设置"工作平面"为"后 1"，切换至"立面：外部"视图绘制轮廓，如图 3.1.31 所示，在"创建"选项卡的"形状"面板中选择"放样"命令，Revit 2018 将自动切换至"修改 | 放样"上下文选项卡，在"放样"面板中选择"绘制路径"工具。

自动切换至"修改 | 放样 > 绘制路径"上下文选项卡，选择"直线"绘制方式，按软件界面中玫红色迹线绘制路径，注意第一条路径的位置，并将迹线锁定在相应的参照平面上。单击"模式"面板中的"完成编辑模式" ✔ 按钮。

选择轮廓的下拉列表，单击之前载入进来的"窗框竖梃轮廓 5050"。单击"模式"面板中的"完成编辑模式" ✔ 按钮，如图 3.1.32 所示。

单击选择创建的放样形状，如图 3.1.33 所示，在"属性"面板中将"标识数据 - 子类别"设置为"框架 / 竖梃"；单击"材质"后的"关联族参数"按钮，在弹出的"关联族参数"对话框中单击"新建参数"按钮，在弹出的"参数属性"对话框中设置参数名称为"窗框材质"，并确认为"类型"参数，单击"确定"按钮完成参数设置。

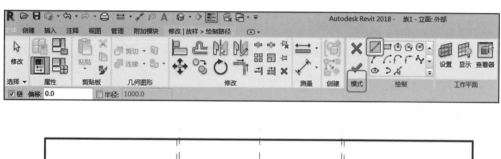

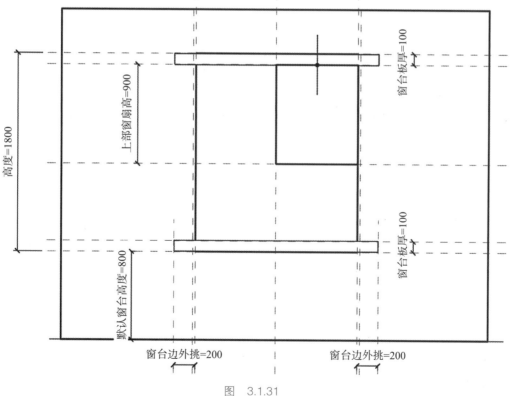

图　3.1.31

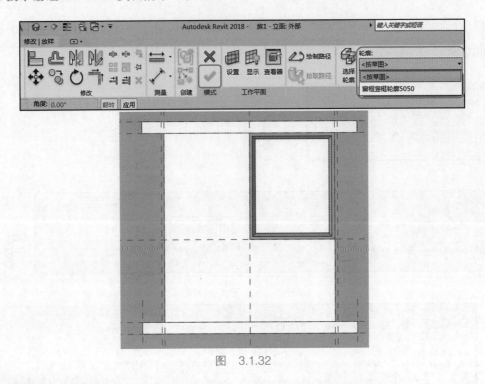

图　3.1.32

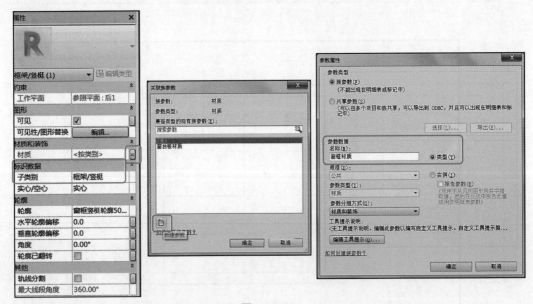

图　3.1.33

　　用相同的方法，利用"放样"命令，创建此工作平面处另外两个窗框形状，并设置相同的关联参数，如图 3.1.34 所示。

　　设置"工作平面"为"左"，切换至"立面：左"视图绘制轮廓，如图 3.1.35 所示，用上述相同方法绘制窗框，并设置关联参数。

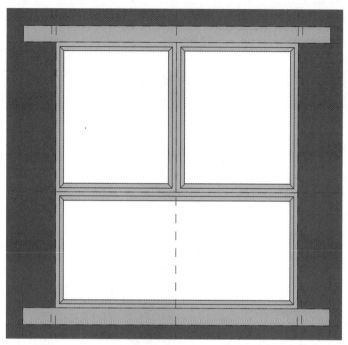

图　3.1.34

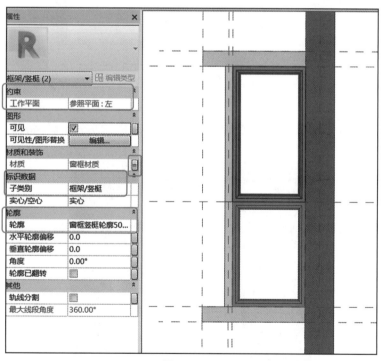

图　3.1.35

　　设置"工作平面"为"右",切换至"立面:右"视图绘制轮廓,如图 3.1.36 所示,用上述相同的方法绘制窗框。因为方向问题,生成的窗框轮廓是向外翻的,需要在"属性"

面板中设置"垂直轮廓偏移"数值为"–50"，勾选"轮廓已翻转"复选框。完成之后，设置关联参数。

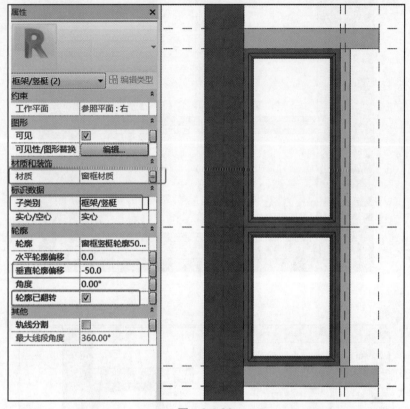

图　3.1.36

如图 3.1.37 所示，可以看到窗框两个角的位置缺少了一部分，需要将其补齐。

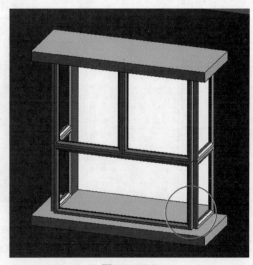

图　3.1.37

设置"工作平面"为"后 1",切换至"立面:外部"视图,在"创建"选项卡的"形状"面板中选择"拉伸"命令,如图 3.1.38 所示,选择"矩形"绘制方式,绘制轮廓,锁定在相应的参照平面上,并在"属性"面板中设置"子类别"为"框架 / 竖梃",关联"窗框材质"参数。

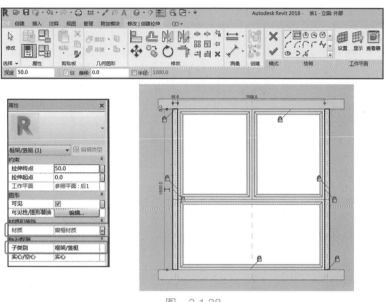

图   3.1.38

完成拉伸之后,如图 3.1.39 所示,选择"修改"选项卡的"几何图形"面板中的"连接几何图形"命令,在"选项栏"中勾选"多重连接",单击创建的拉伸形状及周边相邻的窗框形状,使拉伸形状与周边的窗框连接成为整体。

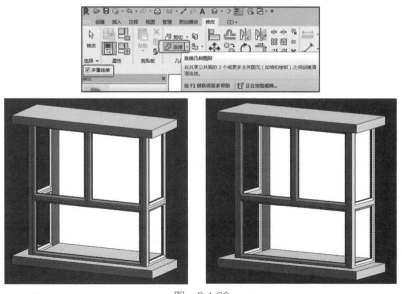

图   3.1.39

6）创建玻璃形状

设置"工作平面"为"后 0"，切换至"立面：外部"视图，在"创建"选项卡的"形状"面板中选择"拉伸"命令，如图 3.1.40 所示，将自动切换至"修改｜创建拉伸"上下文选项卡，选择"矩形"绘制方式，设置"选项栏"中"偏移"数值为"5"。按图示绘制轮廓，并锁定在相应的参照平面上。

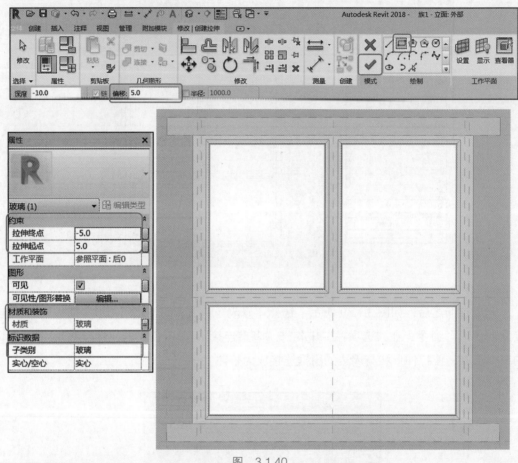

图　3.1.40

在"属性"面板中设置"拉伸终点"为"-5"，"拉伸起点"为"5"，设置"子类别"为"玻璃"，添加材质参数"玻璃"并关联。完成之后单击"模式"面板中的"完成编辑模式" ✔ 按钮，则创建好部分玻璃。

如图 3.1.41 所示，分别设置"工作平面"为"左 0"，切换至"立面：左"视图；设置"工作平面"为"右 0"，切换至"立面：右"视图，用上述相同的方法创建左边和右边的玻璃形状，并在"属性"面板中设置好相关参数。

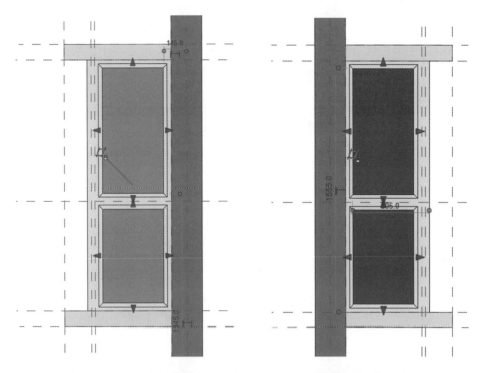

图 3.1.41

完成后保存该族文件。请在"实训项目 \ 模块 3 Revit 概念体量模型创建 \ 源文件 \3.1 族 \ 成果模型 \ 下层固定双层单列凸窗 .rfa"族文件中查看最终结果。

3.1.5 拓展习题

根据 3.1.2 小节中任务要求（2），其下部有亮子凸窗，思考将上部窗扇改成推拉窗，并且设置两列，应该如何创建此窗族（见图 3.1.42）。

图　3.1.42

3.1.6 任务评价

本任务强调课程考核与评价的整体性，采用过程性考核与结果性考核相结合的方式，按照学生自评、学生互评和教师评阅相结合的原则，从出勤率、训练表现、训练内容质量及成果、问题答辩四方面进行综合考核。最终任务成果的评分标准如表 3.1.2 所示。

表 3.1.2　评分标准

班级＿＿＿＿＿＿＿＿＿　　　　任课教师＿＿＿＿＿＿＿＿＿　　　　　　　日期＿＿＿＿＿＿＿＿＿

序号	学生姓名	考核方式	评价内涵及能力要求				评分	权重	成绩
			出勤率	训练表现	训练内容质量及成果	问题答辩			
			只扣分不加分	20 分	60 分	20 分			
			1. 迟到一次扣2分，旷课一次扣5分 2. 缺课 1/3 学时以上，该专项能力不记分	1. 学习态度端正（10分） 2. 积极思考问题、动手能力强（10分）	1. 正确使用软件完成任务书要求（30分） 2. 模型成果符合制图标准（30分）	1. 解决实际存在的问题（10分） 2. 结合实践、灵活运用（10分）			
		学生自评						30%	
		学生互评						30%	
		教师评阅						40%	

实训任务 3.2 基 本 体 量

3.2.1 任务目的

知识要求：Revit 2018 中有一种比较特殊的族类型——概念体量族。在建筑方案设计过程中，会遇到一些构件在常规族和项目模型中无法创建，或者无法进行参数化控制，这些都可以通过利用概念体量族来解决。概念体量建模功能强大，可以灵活、快速地创建概念形体，方便推敲建筑方案，并能为方案提供占地面积、表面积等各种设计参照数据。

通过本次任务的学习，学生能够了解 Revit 2018 体量创建工具的具体应用方法，掌握创建基本体量的能力，为后期根据体量添加建筑图元，转换成方案和施工图设计打好基础。

思政目的：掌握利用概念体量族创建常规族无法创建的参数化构件的方法，引导学生认知当遇到问题一筹莫展时，不能站在习惯的角度出发，而是要主动识变应变求变，培养学生勤学勤思的能力。

3.2.2 任务要求

根据图 3.2.1 所给定的正视图、侧视图尺寸，结合三维示意图，完成仿中央电视台大楼的体量模型创建。

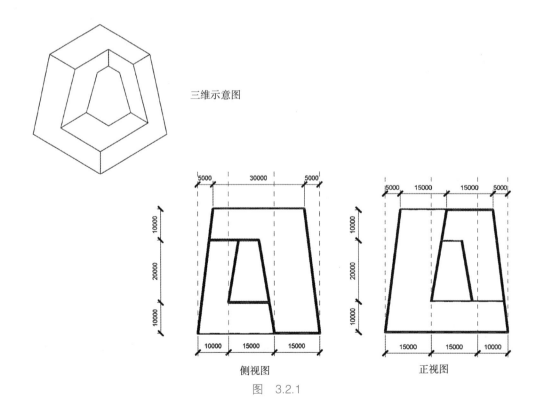

图 3.2.1

3.2.3　任务知识链接

1. 概念体量基本知识

1）创建体量的方式

Revit 2018 提供了项目内部和项目外部两种创建体量的方式。

（1）项目内部：通过在项目中内建体量的方式，创建所需的概念体量，也叫内建族。此种方式创建的体量仅可用于当前项目中。

如图 3.2.2 所示，在项目中，找到"体量和场地"选项卡中的"概念体量"面板，单击"内建体量"工具按钮，Revit 2018 将弹出"名称"对话框，输入合适的名称，单击"确定"按钮，即可进入内建体量模型创建界面。

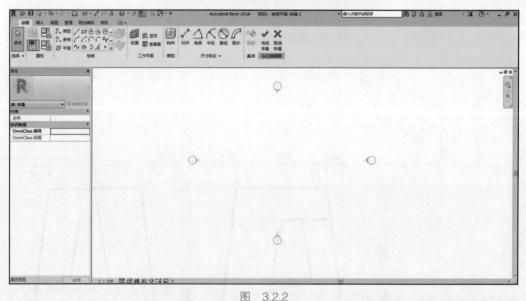

图　3.2.2

（2）项目外部：通过创建可载入的概念体量族的方式，在族编辑器中创建所需的概念体量。此种方式创建的体量可以像普通的族文件一样载入到多个项目中。

如图 3.2.3 所示，单击"文件"选项卡，进入应用程序菜单，单击"新建"下拉列表中的"概念体量"工具按钮，或者在欢迎界面中单击"族"选项区域中的"新建概念体量"工具按钮，Revit 2018 都将自动弹出"新概念体量 - 选择样板文件"对话框。选择"公制体量"作为族样板文件，单击"打开"按钮，则可进入概念体量族编辑器中进行操作。

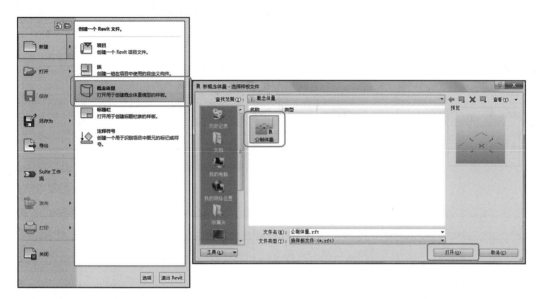

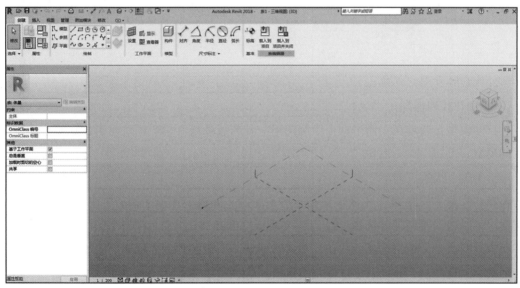

图　3.2.3

2）体量的工作平面

概念体量是三维模型族，其设计环境与项目建模环境、常规族建模环境一起构成了 Revit 2018 的三大建模环境，主要是创建一些常规建模无法解决的构件模型。在这里可以通过控制参照点、轮廓边和表面上的三维控件来编辑自由形状。但是，由于三维工作环境的因素，所以必须设置明确的工作平面来确定操控的点、线、面是在正确的坐标系中工作。

在概念体量族中，标高和参照平面都可以设置成为创建体量的工作平面。如图 3.2.4 所示，在"修改"选项卡中找到"工作平面"面板，通过单击"设置"工具按钮可以在绘图区域选择合适的标高、参照平面或者参照点的各参照平面作为工作平面，方便创建模型。

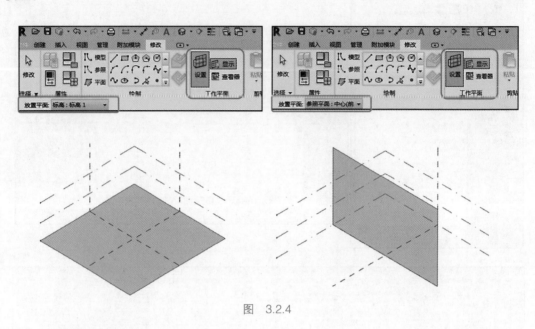

图　3.2.4

2. 概念体量形状创建

1）创建拉伸模型

拉伸模型是通过在工作平面上绘制的单一开放线条或者单一闭合轮廓创建实心体量生成的模型。

（1）单一线条拉伸

在"修改｜放置 线"上下文选项卡的"绘制"面板中选择"模型"中的"样条曲线"按钮（可以根据模型需要选择直线、弧线等），如图 3.2.5 所示，在绘图区域设置好的工作平面中绘制线条，单击选择此线条，单击"形状"面板的"创建形状"下拉列表中的"实心形状"工具按钮，即可创建拉伸曲面模型。

（2）单一闭合轮廓拉伸

在"修改｜放置 线"上下文选项卡的"绘制"面板中选择"模型"命令，如图 3.2.6 所示，在绘图区域设置好的工作平面中绘制闭合轮廓线条，单击选择此线条，单击"形状"面板的"创建形状"下拉列表中的"实心形状"工具按钮，即可创建拉伸实体模型。

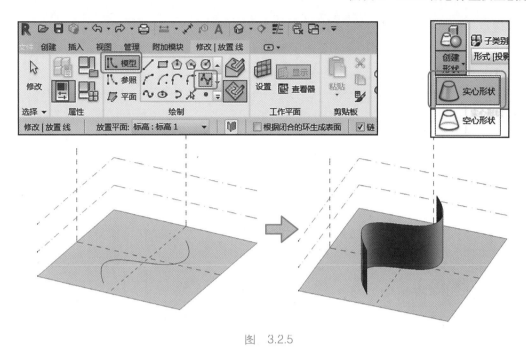

图　3.2.5

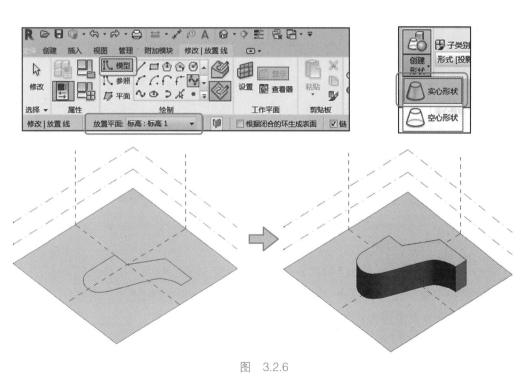

图　3.2.6

2）创建旋转模型

旋转模型是通过在同一工作平面上绘制一条路径和一个轮廓创建实心体量生成的模型。

注意

如果轮廓是开放的，创建生成的是旋转曲面；如果轮廓是闭合的，则创建生成的是旋转实体模型。

（1）开放轮廓

在"修改 | 放置 线"上下文选项卡的"绘制"面板中选择"模型"中的"直线" ⟋ 命令，如图 3.2.7 所示，在绘图区域设置好的工作平面中绘制一条直线和一个开放轮廓，单击选择直线和开放轮廓。

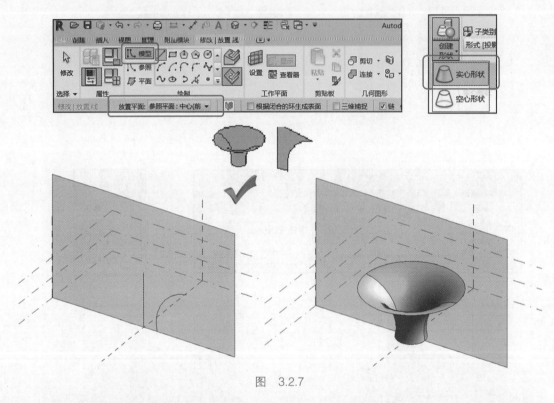

图　3.2.7

单击"形状"面板的"创建形状"下拉列表中的"实心形状"工具按钮，Revit 2018 将会出现两种可能创建的模型预览，选择曲面模型，即可生成旋转曲面模型。可以看出，此模型是由开放轮廓围绕着直线在所选的工作平面旋转而生成的。

（2）闭合轮廓

在"修改 | 放置 线"上下文选项卡的"绘制"面板中选择"模型"中的"直线" ⟋ 命令，如图 3.2.8 所示，在绘图区域设置好的工作平面中绘制一条直线和一个闭合轮廓，单击选择直线和闭合轮廓，单击"形状"面板的"创建形状"下拉列表中的"实心形状"工具按钮，即可创建旋转实体模型。此模型是由闭合轮廓围绕着直线在所选的工作平面旋转而生成的。

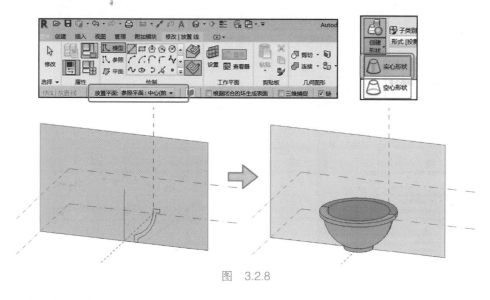

图　3.2.8

3）创建放样模型

放样模型是通过在工作平面上绘制一条路径和通过这条路径的轮廓创建实心体量生成的模型。

> **注意**
>
> 　如果轮廓是开放的，创建生成的是放样曲面；如果轮廓是闭合的，则创建生成的是放样模型。

如图 3.2.9 所示，在"修改 | 放置 线"上下文选项卡的"绘制"面板中选择"模型"中的"直线" ▱ 命令，在绘图区域设置好的工作平面中绘制一条路径。继续选择"绘制"面板的"参照"中的"点图元"命令，在之前绘制的路径中添加参照点。

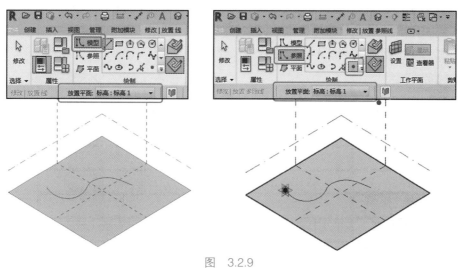

图　3.2.9

如图 3.2.10 所示，单击选择绘制的参照点，在"属性"面板中可以设置"始终显示参照平面"。

图 3.2.10

如图 3.2.11 所示，选择"绘制"面板的"模型"中的"多边形"命令，设置工作平面为参照点垂直于路径的参照面，并在工作平面上绘制一个六边形闭合轮廓。按下 Ctrl 键选择路径以及六边形闭合轮廓，单击"形状"面板的"创建形状"下拉列表中的"实心形状"工具按钮，即可创建放样实体模型。

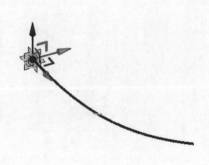

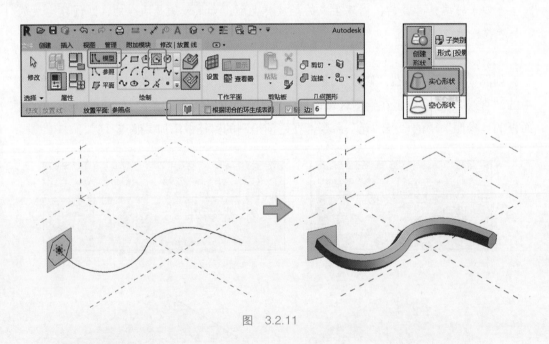

图 3.2.11

4）创建融合模型

融合模型是通过在多个工作平面上绘制多个轮廓创建实心体量生成的模型。其中开放轮廓生成融合曲面，闭合轮廓则生成融合实体模型。

如图 3.2.12 所示，利用"项目浏览器"进入立面视图，在"修改"选项卡的"修改"面板中选择"复制"命令，单击"标高 1"，向上拖动到合适的位置，单击即可生成"标高 2"和"标高 3"。

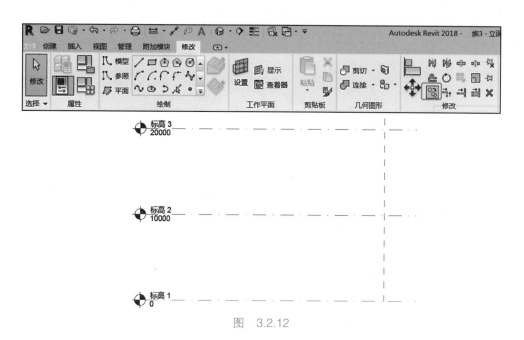

图　3.2.12

在"修改｜放置 线"上下文选项卡的"工作平面"面板中选择"设置"命令，单击"标高 1"，将其设置成当前工作平面，在"绘制"面板中选择"模型"命令，如图 3.2.13 所示，在绘图区域设置好的工作平面中绘制开放曲线轮廓。

重复上述步骤，分别设置"标高 2"和"标高 3"为工作平面，并在其中绘制开放曲线轮廓。按住 Ctrl 键，选择绘制好的三个曲线轮廓，单击"形状"面板的"创建形状"下拉列表中的"实心形状"工具按钮，即可创建融合曲面模型。

5）创建放样融合模型

放样融合模型是通过在一条路径的多个工作平面上分别绘制轮廓创建实心体量生成的模型。

在"修改｜放置 线"上下文选项卡的"绘制"面板中的"模型"中选择"起点 - 终点 - 半径弧"命令，如图 3.2.14 所示，在绘图区域设置好的工作平面中绘制一条路径，并在路径上添加四个参照点。

选择"绘制"面板的"模型"中的"圆形"命令，设置工作平面为其中一个参照点垂直于路径的参照面，并在工作平面上绘制一个圆形闭合轮廓。重复此项操作，完成另外三个参照点位置的轮廓绘制。

按下 Ctrl 键选择路径以及两个圆形轮廓和两个五边形轮廓，单击"形状"面板的"创建形状"下拉列表中的"实心形状"工具按钮，即可创建放样融合实体模型。

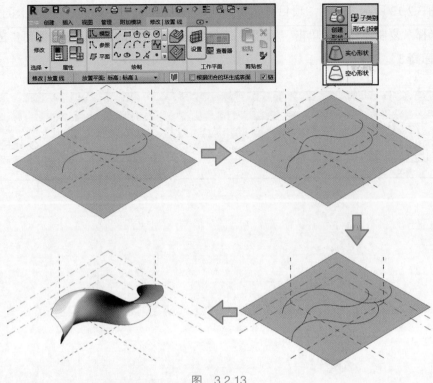

图　3.2.13

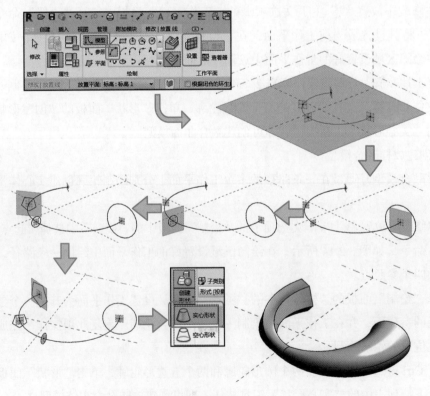

图　3.2.14

6）空心形状

空心模型的创建方法与实体模型是相同的，只是空心形状是用来剪切实体模型的。如果没有实体模型存在，空心模型的生成是没有意义的。通常空心形状会自动剪切实体模型，如图 3.2.15 所示，如果没有自动剪切，可以单击"修改"选项卡的"几何图形"面板中的"剪切"工具按钮，进行手动剪切。

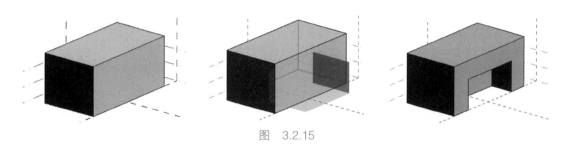

图　3.2.15

7）修改形状模型

体量主要是通过拖曳其表面、边线和角点上三维控件三个方向的箭头，从而达到修改的目的。下面通过一个曲面体量的例子，说明如何修改体量模型。

单击选择体量，在体量表面会显示三维控件，如图 3.2.16 所示，通过拖曳此三维控件三个方向的箭头，可以控制曲面体量沿着其本身所在的局部坐标系向上、下、前、后、左、右六个方向平行移动。

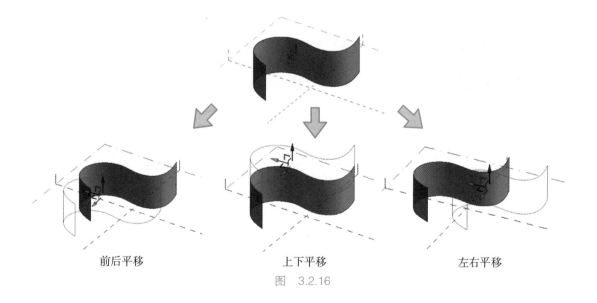

前后平移　　　　　　上下平移　　　　　　左右平移

图　3.2.16

▌注意

三维控件所存在的坐标系有全局坐标系和局部坐标系之分。全局坐标系是基于 View Cube 的东、西、南、北、上、下六个方向的坐标；局部坐标系是基于形状本身的方位，并且其方位与 View Cube 的方位存在偏差时存在的前、后、左、右、上、下六个方向的坐标。

在 Revit 2018 中可以通过箭头的颜色来区分全局坐标系和局部坐标系。

- 蓝色箭头——全局坐标 Z 轴方向。
- 红色箭头——全局坐标 X 轴方向。
- 绿色箭头——全局坐标 Y 轴方向。
- 橙色箭头——局部坐标方向。

单击选择曲面体量中的某一条边线，在曲面边线上会显示三维控件，如图 3.2.17 所示，通过拖曳此三维控件三个方向的箭头，可以控制曲面体量沿着其本身所在的局部坐标系在上、下、前、后、左、右六个方向上发生尺寸和位移的变化。

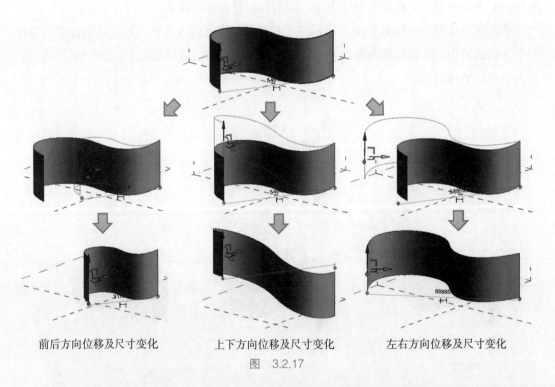

前后方向位移及尺寸变化　　　　上下方向位移及尺寸变化　　　　左右方向位移及尺寸变化

图　3.2.17

单击选择曲面体量上的某一个角点，在曲面角点上会显示三维控件，如图 3.2.18 所示，通过拖曳此三维控件三个方向的箭头，可以控制曲面体量沿着其本身所在的局部坐标系在上、下、前、后、左、右六个方向上发生形状的变化。

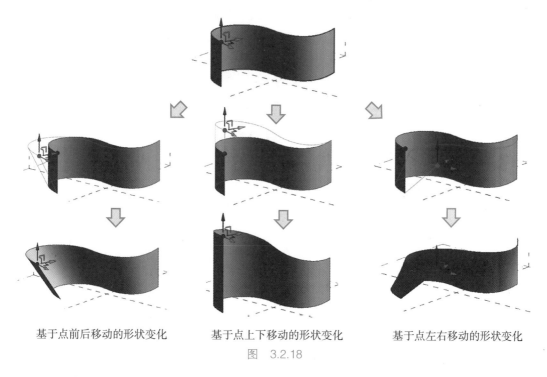

基于点前后移动的形状变化　　基于点上下移动的形状变化　　基于点左右移动的形状变化

图　3.2.18

3. 为概念体量添加建筑图元

1）载入项目

创建完成体量之后，可以将其载入到项目中。如图 3.2.19 所示，单击"修改"选项卡的"族编辑器"面板中的"载入到项目"工具按钮，Revit 2018 自动将创建好的体量载入到项目中。

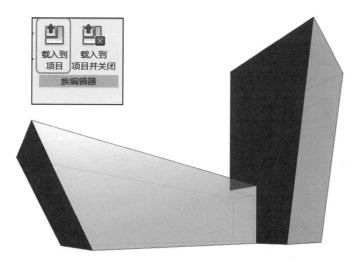

图　3.2.19

单击"载入到项目"工具按钮之后，Revit 2018 将自动切换至项目视图，如图 3.2.20

所示，确定"放置"面板中的"放置在工作平面上"命令是被激活的，即可在"项目浏览器"中双击打开需要放置体量的视图。按空格键可以调整体量的方向，在合适的位置单击，放置体量。

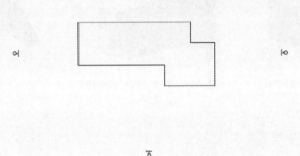

图　3.2.20

┃注意

当体量是需要被放置在某一构件上时，须在"放置"面板中激活"放置在面上"命令。

2）创建体量楼层

单击选择体量，进入"修改|体量"上下文选项卡，如图 3.2.21 所示，在"模型"面板中选择"体量楼层"命令，Revit 2018 将自动弹出"体量楼层"对话框，在对话框中会出现项目中已经创建的所有标高，勾选体量穿越的标高，单击"确定"按钮，即完成体量楼层的创建。

3）创建楼板

如图 3.2.22 所示，在"建筑"选项卡的"构建"面板中的"楼板"命令下拉列表中选择"面楼板"命令，或者单击进入"体量和场地"选项卡，在"面模型"面板中选择"楼板"命令，Revit 2018 都将自动切换至"修改|放置面楼板"上下文选项卡。

单击选择体量楼层或者直接框选整个体量，软件将自动识别选择体量中所有体量楼层，单击"多重选择"面板中的"创建楼板"工具按钮，即可生成 Revit 常规楼板。选择楼板，可以在"属性"面板的"类型选择器"中修改楼板类型。

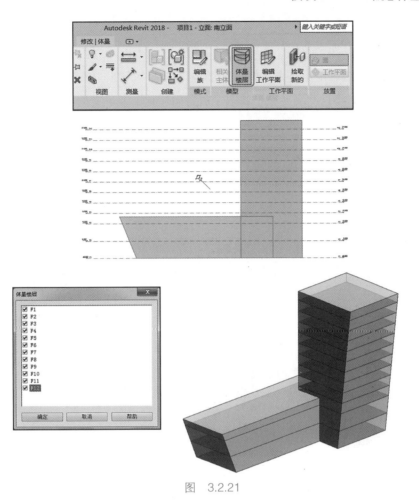

图　3.2.21

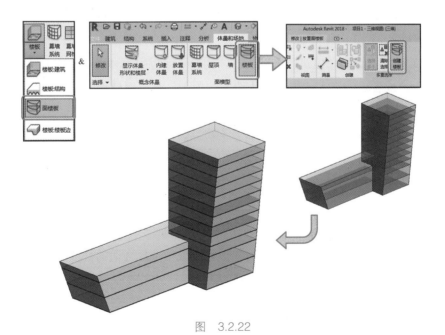

图　3.2.22

4）创建屋顶

如图 3.2.23 所示，在"建筑"选项卡的"构建"面板中的"屋顶"命令下拉列表中选择"面屋顶"命令，或者单击进入"体量和场地"选项卡，在"面模型"面板中选择"屋顶"命令，Revit 2018 将自动切换至"修改 | 放置面屋顶"上下文选项卡。

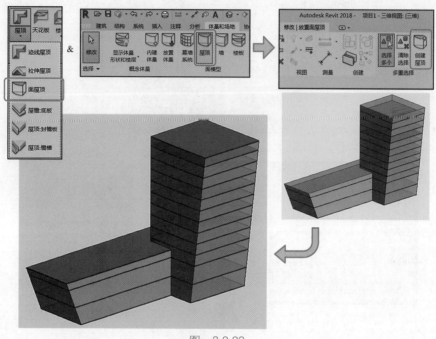

图　3.2.23

单击选择体量顶面，选择"多重选择"面板中的"创建屋顶"命令，即可生成 Revit 常规屋顶。选择屋顶，可以在"属性"面板的"类型选择器"中修改屋顶类型。

5）创建墙体

如图 3.2.24 所示，在"建筑"选项卡的"构建"面板中的"墙"命令下拉列表中选择"面墙"命令，或者单击进入"体量和场地"选项卡，在"面模型"面板中选择"墙"命令，Revit 2018 将自动切换至"修改 | 放置 墙"上下文选项卡。

可以在"属性"面板的"类型选择器"下拉列表中选择合适的墙体类型。单击选择体量中需要变成墙体的表面，即可生成 Revit 常规墙体。

6）创建幕墙

如图 3.2.25 所示，单击进入"体量和场地"选项卡，在"面模型"面板中选择"幕墙系统"命令，Revit 2018 将自动切换至"修改 | 放置面幕墙系统"上下文选项卡。

可以在"属性"面板的"类型选择器"下拉列表中选择合适的幕墙类型，单击选择体量中需要变成幕墙的表面，即可生成 Revit 幕墙系统。

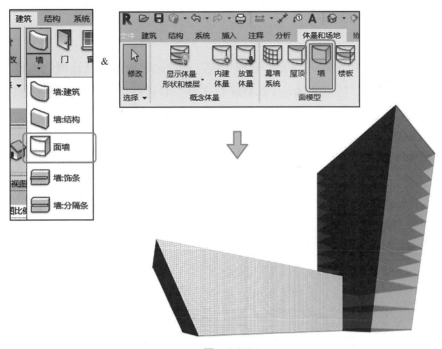

图　3.2.24

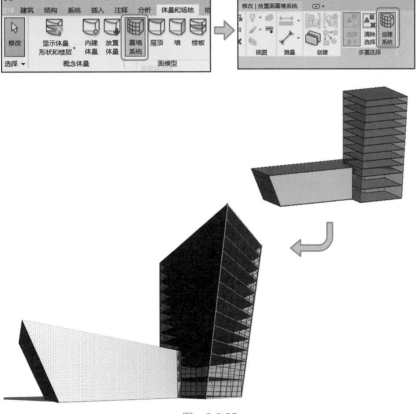

图　3.2.25

3.2.4 任务操作方法与步骤

1. 新建概念体量

如图 3.2.26 所示，单击欢迎界面，选择"族"选项区域中的"新建概念体量"命令，Revit 2018 将自动弹出"新概念体量 - 选择样板文件"对话框。选择"公制体量"作为族样板文件，单击"打开"按钮，即可进入概念体量族编辑器中进行操作。

图　3.2.26

2. 添加标高及参照平面

利用"项目浏览器"进入南立面视图，如图 3.2.27 所示，添加标高 2、标高 3 和标高 4。

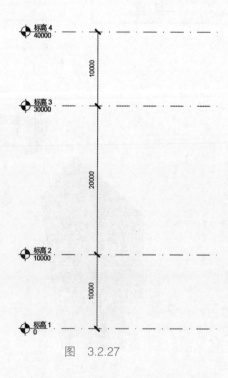

图　3.2.27

在南立面向两边复制"中心（左／右）参照平面"，如图 3.2.28 所示。

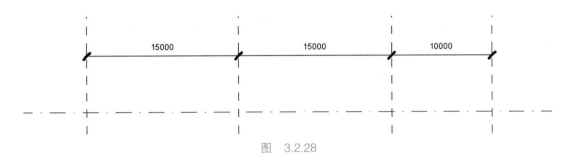

图　3.2.28

进入西立面视图，复制"中心（前／后）参照平面"，如图 3.2.29 所示。

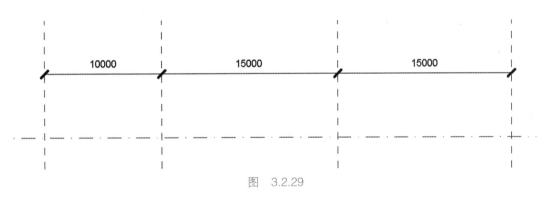

图　3.2.29

3. 创建实体模型

设置好参照平面之后，利用"项目浏览器"进入默认三维视图，如图 3.2.30 所示，在"修改｜放置 线"上下文选项卡的"绘制"面板中的"模型"中选择"矩形"命令。单击"工作平面"面板中的"设置"按钮，在绘图区域中选择"标高 1"作为绘制的工作平面。确认是在工作平面上绘制，并确认"选项栏"中的"放置平面"为"标高 1"。

在绘图区域中沿 A、B、C、D 四点的位置绘制一个矩形。

在"修改｜放置 线"上下文选项卡的"绘制"面板中的"模型"中选择"拾取线"命令。单击"工作平面"面板中的"设置"按钮，在绘图区域中选择"标高 4"作为绘制的工作平面。确认是在工作平面上绘制，并确认"选项栏"中的"放置平面"为"标高 4"，"偏移"数值为"5000"，如图 3.2.31 所示。

通过 View Cube 进入顶视图，按下 Tab 键拾取矩形线框，Revit 将自动向内偏移5000mm，单击完成绘制。

选择之前绘制好的两个矩形线框，如图 3.2.32 所示，单击"形状"面板的"创建形状"下拉列表中的"实心形状"工具按钮。

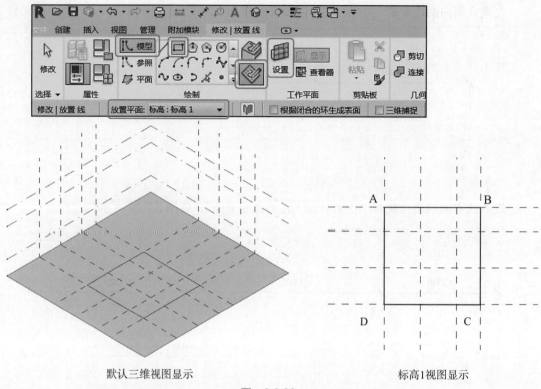

默认三维视图显示　　　　　　　　　　　　标高1视图显示

图　3.2.30

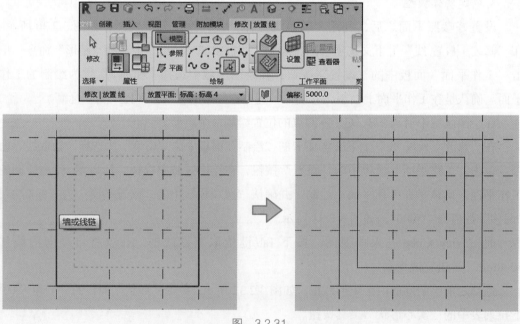

图　3.2.31

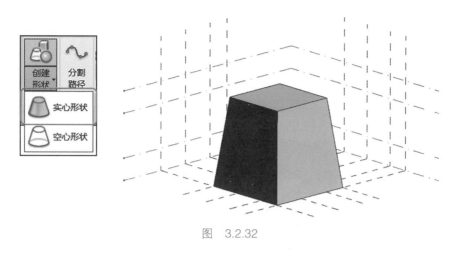

图　3.2.32

4. 创建空心形状

如图 3.2.33 所示，在"修改 | 放置 线"上下文选项卡的"绘制"面板中的"模型"中选择"矩形"命令。单击"工作平面"面板中的"设置"按钮，在绘图区域中选择"标高 1"作为绘制的工作平面。确认是在工作平面上绘制，确认"选项栏"中的"放置平面"为"标高 1"。

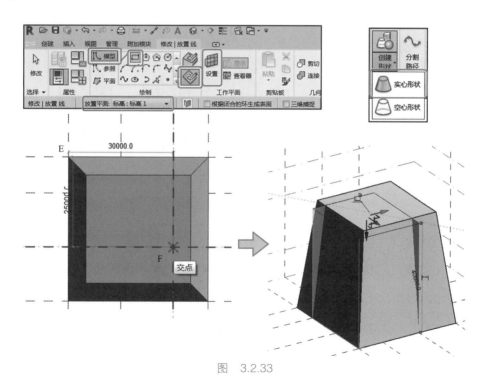

图　3.2.33

利用 View Cube 进入顶视图，沿参照平面上 E 点和其对角 F 点绘制矩形，选择矩形线框，单击"形状"面板的"创建形状"下拉列表中的"空心形状"工具按钮。单击选择空心形状顶面，拖动三维控件的蓝色箭头，使其顶面到达"标高 4"。

选择空心形状，按下 Tab 键，选择空心形状顶面在实体模型上的一条边线，如图 3.2.34 所示，修改其长度"25000mm"为"20000mm"；选择顶面在实体模型上的另一条边线，修改其长度"30000mm"为"25000mm"。

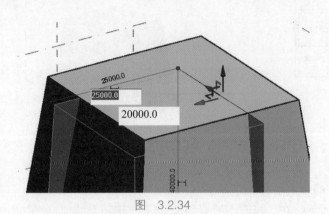

图　3.2.34

完成以上操作之后，如图 3.2.35 所示，通过 View Cube 进入左视图，选择空心形状顶面，出现三维控件，拖动蓝色箭头至"标高 3"。

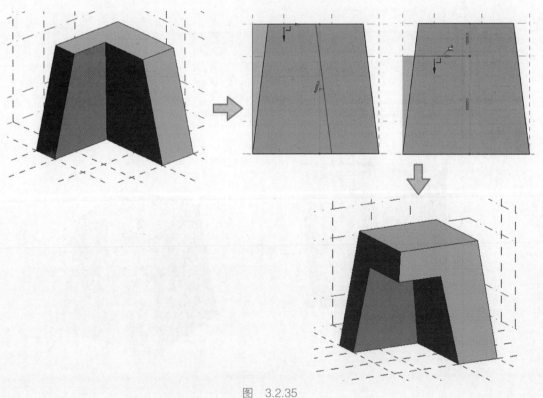

图　3.2.35

重复之前的操作，选择"模型"中的"矩形"命令，设置工作平面为"标高 1"，如图 3.2.36 所示，在顶视图中，G、H 两点之间绘制矩形。

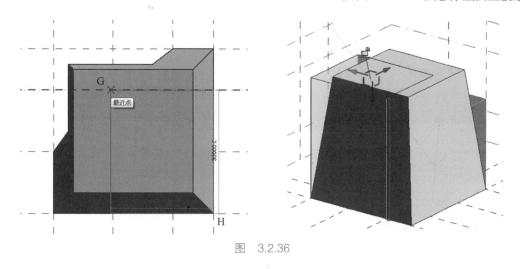

图　3.2.36

选择绘制的矩形线框，单击"形状"面板的"创建形状"下拉列表中的"空心形状"按钮。单击选择空心形状顶面，拖动三维控件的蓝色箭头，使其顶面到达"标高 4"。

选择空心形状顶面在实体模型上的两条边线，在其长度值上减去 5000mm。如图 3.2.37 所示，选择空心体量的底面，将蓝色箭头从"标高 1"拖曳至"标高 3"。

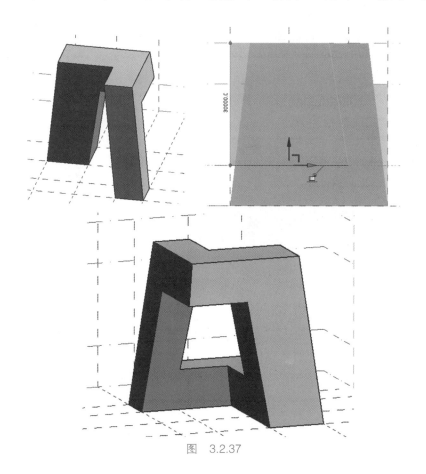

图　3.2.37

完成后保存该族文件。请在"实训项目\模块 3　Revit 概念体量模型创建\源文件\3.2
基本体量\成果模型\仿央视大楼体量 .rfa"族文件中查看最终结果。

5. 添加幕墙系统

如图 3.2.38 所示，选择"样板文件 2018.rte"新建一个项目。在创建体量界面"族编
辑器"面板中单击"载入到项目"工具按钮。

图　3.2.38

如图 3.2.39 所示，单击进入"体量和场地"选项卡，在"面模型"面板中选择"幕墙
系统"命令，Revit 2018 将自动切换至"修改｜放置面幕墙系统"上下文选项卡。

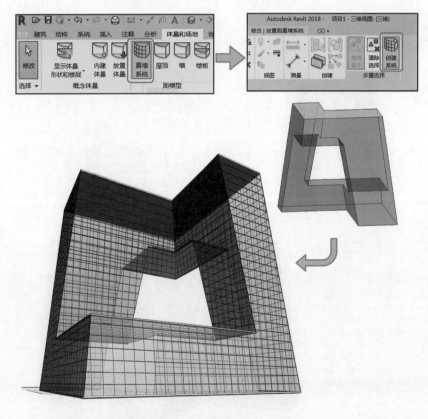

图　3.2.39

可以在"属性"面板的"类型选择器"下拉列表中选择合适的幕墙类型，单击选择体

量中需要变成幕墙的表面，即可生成 Revit 幕墙系统。

完成后保存该族文件。请在"实训项目\模块 3　Revit 概念体量模型创建\源文件\3.2 基本体量\成果模型\仿央视大楼"项目文件中查看最终结果。

3.2.5　任务评价

本任务强调课程考核与评价的整体性，采用过程性考核与结果性考核相结合的方式，按照学生自评、学生互评和教师评阅相结合的原则，从出勤率、训练表现、训练内容质量及成果、问题答辩四方面进行综合考核。最终任务成果的评分标准如表 3.2.1 所示。

表 3.2.1　评分标准

班级＿＿＿＿＿＿＿＿＿＿　　　任课教师＿＿＿＿＿＿＿＿＿＿　　　日期＿＿＿＿＿＿＿＿＿＿

序号	学生姓名	考核方式	评价内涵及能力要求				评分	权重	成绩
			出勤率	训练表现	训练内容质量及成果	问题答辩			
			只扣分不加分	20 分	60 分	20 分			
			1. 迟到一次扣 2 分，旷课一次扣 5 分 2. 缺课 1/3 学时以上，该专项能力不记分	1. 学习态度端正（10 分） 2. 积极思考问题、动手能力强（10 分）	1. 正确使用软件完成任务书要求（30 分） 2. 模型成果符合制图标准（30 分）	1. 解决实际存在的问题（10 分） 2. 结合实践、灵活运用（10 分）			
		学生自评						30%	
		学生互评						30%	
		教师评阅						40%	

实训任务 3.3　曲　面　体　量

3.3.1　任务目的

知识要求：Revit 2018 的曲面体量造型能力十分强大，并且能通过建模完成平立剖面图纸的自动生成，使其成为异形建模中的常用工具。通过本次任务的学习，利用曲面建模体量绘制出特殊的造型，学生能了解曲面体量创建的方法与思路。

思政目的：通过学习曲面体量，掌握 Autodesk Revit 2018 强大的参数化造型能力，引导学生要坚定不移听党话、跟党走，怀抱梦想又脚踏实地，敢想敢为又善作善成，立志做有理想、敢担当、能吃苦、肯奋斗的新时代好青年。

3.3.2　任务要求

根据表 3.3.1 和图 3.3.1 所示的体量的参数要求及造型要求，完成曲面体量的创建。

表 3.3.1 体量的参数要求

序 号	参 数 名 称	参 数 类 型	备 注
1	椭圆长轴	类型参数	
2	椭圆短轴	类型参数	
3	轮廓构件宽度	类型参数	尺寸标注
4	轮廓构件长度	类型参数	
5	旋转角度	实例参数	

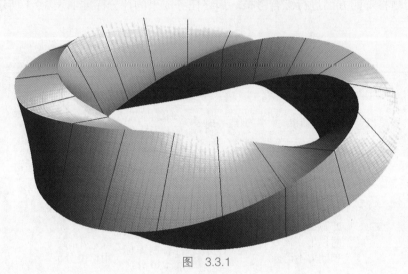

图 3.3.1

3.3.3 任务操作方法与步骤

1. 创建"概念体量"轨迹

单击"文件"选项卡打开应用程序菜单，如图 3.3.2 所示，单击"新建"对应的下拉列表，选择"概念体量"命令，在弹出的"新概念体量 - 选择样板文件"对话框中选择"公制体量"族样板为基础，单击"打开"按钮，进入概念体量创建界面。

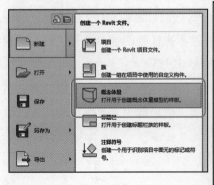
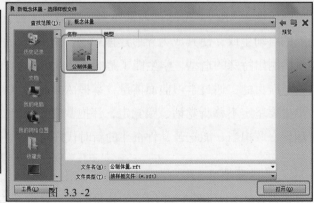

图 3.3.2

如图 3.3.3 所示，进入"修改 | 放置 线"上下文选项卡，在"绘制"面板中选择"模型"类型中的"椭圆"绘制方式，确认"选项栏"中的"放置平面"为"标高 1"。在绘图区域完成椭圆的绘制，并单击"测量"面板中的"对齐尺寸标注"工具按钮，为椭圆的长轴和短轴标注尺寸。

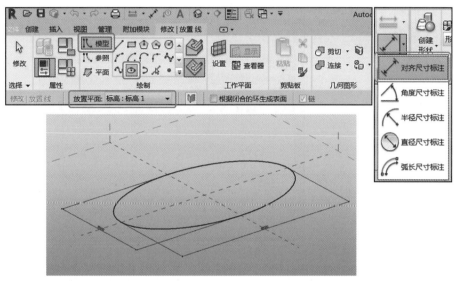

图　3.3.3

选择椭圆的长轴尺寸标注，如图 3.3.4 所示，单击"标签尺寸标注"面板中的"创建参数"图 按钮，Revit 2018 将自动弹出"参数属性"对话框，设置参数名称为"椭圆长轴"，确认创建的是"类型"参数，单击"确定"按钮，完成"椭圆长轴"参数的设定。

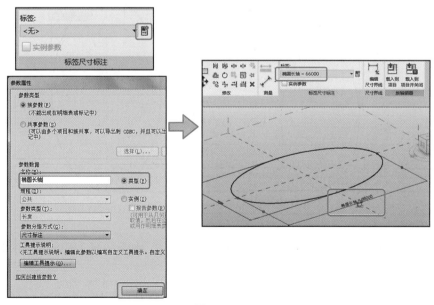

图　3.3.4

　　用相同的方法完成"椭圆短轴"参数的设定。并且可以如图 3.3.5 所示，通过单击"属性"面板中的"族类型"工具按钮，在弹出的"族类型"对话框中查看创建的尺寸参数。可以根据项目的需要修改参数值，从而改变体量轨迹的尺寸。

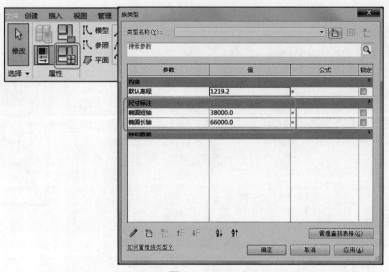

图　3.3.5

　　选择绘制的椭圆模型线，如图 3.3.6 所示，在"修改 | 线"上下文选项卡中找到"分割"面板，单击"分割路径"工具按钮，Revit 2018 默认通过 6 个点将模型线等分。

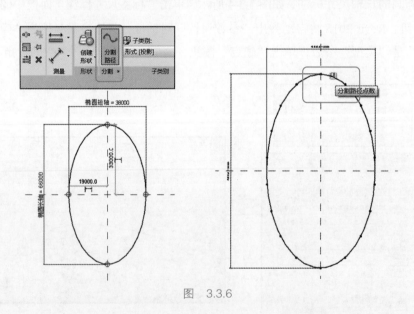

图　3.3.6

　　单击模型线上的分割路径点数"6"，更改成"18"，则会通过 18 个点等分此椭圆模型线。

　　单击"文件"选项卡，进入应用程序菜单，单击"保存"按钮，将文件保存，并为其命名"曲面体量"。

2. 创建"概念体量"截面轮廓

完成体量轨迹创建之后，单击"文件"选项卡，再次以"公制体量"为族样板文件新建族文件，单击"打开"按钮，进入新族的创建界面。

如图 3.3.7 所示，在"修改｜放置 参照线"上下文选项卡中选择"绘制"面板的"参照"类型中的"点图元"命令，确认"选项栏"中的"放置平面"为"标高 1"，在绘图区域两参照平面中心处放置参照点。

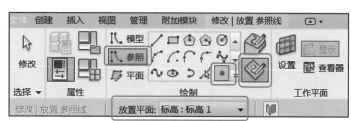

图　3.3.7

选择放置的参照点，在"属性"面板的"显示参照平面"下拉列表中选择"始终"选项，可以看到绘图区域中，参照点的参照平面始终被显示。

如图 3.3.8 所示，在"修改｜放置 线"上下文选项卡中选择"绘制"面板的"模型"类型中的"矩形"绘制方式，确认"选项栏"中的"放置平面"为"参照点"，确认是在"工作平面上绘制"。

在绘图区域绘制一个矩形，让参照点位于矩形的中心处。

选择"测量"面板中的"对齐尺寸标注"命令，如图 3.3.9 所示，为矩形的长边和短边标注尺寸，并分别为其创建尺寸标注参数"轮廓长度"和"轮廓宽度"。

继续用"对齐尺寸标注"命令，标注参照点与矩形 a 边、a′边之间的距离，单击尺寸标注附近的 EQ，使 a 边、a′边始终保持被参照点等分。用同样的方式让参照点与 b 边、b′边之间保持 EQ 等距。

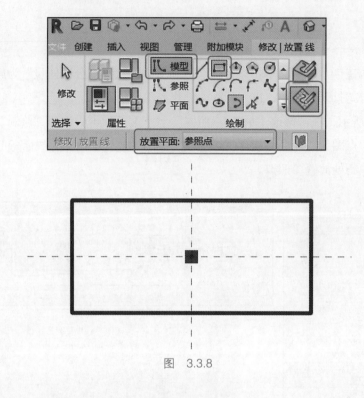

图　3.3.8

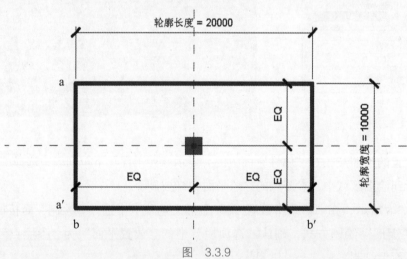

图　3.3.9

如图 3.3.10 所示，选择参照点，单击"属性"面板的"旋转角度"后面的"关联族参数"按钮，Revit 2018 将自动弹出"关联族参数"对话框。

在弹出的对话框中，如图 3.3.11 所示，单击"新建参数"按钮，再单击"确定"按钮，Revit 2018 继续弹出"参数属性"对话框。设置参数名称为"旋转角度"，确认设置的是"实例"参数，单击两次"确定"按钮完成设置。

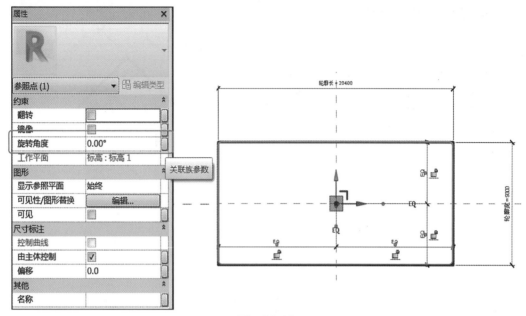

图　3.3.10

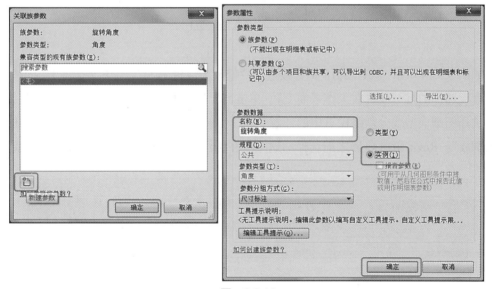

图　3.3.11

可以通过"属性"面板中的"族类型"命令来检验参数设置得成功与否。在弹出的"族类型"对话框中修改"旋转角度"参数的数值，如图 3.3.12 所示，矩形会随着参数的修改而发生角度变化。

保存文件为"曲面体量轮廓族 .rfa"，并如图 3.3.13 所示，选择"族编辑器"面板中的"载入到项目"命令，将曲面体量轮廓载入到之前创建的"曲面体量"。

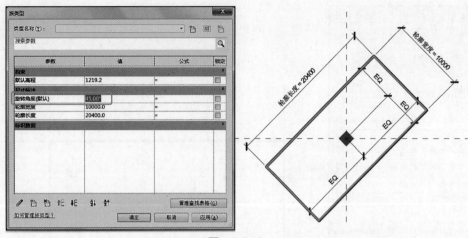

图 3.3.12

图 3.3.13

　　如图 3.3.14 所示，Revit 2018 将直接进入"修改｜放置 构件"上下文选项卡，确认"放置"面板选择的是"放置在工作平面上"。单击"工作平面"面板中的"设置"工具按钮，单击选择椭圆模型线分割路径点中的任意一点，继续单击这一点，即可放置一个"曲面体量轮廓族"。Revit 2018 将以之前选择的这一点在椭圆上的面为工作平面，放置轮廓族。

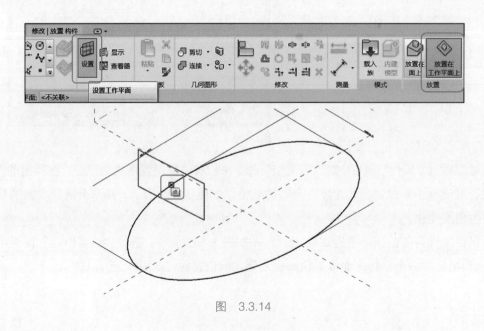

图 3.3.14

重复上一步的操作，依次在 18 个分割点上放置"曲面体量轮廓族"，如图 3.3.15 所示。

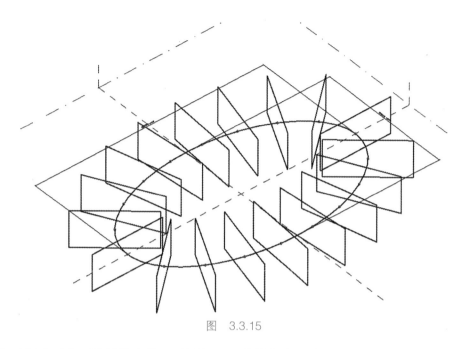

图　3.3.15

由于创建"曲面体量轮廓族"时添加了"旋转角度"参数，并且将此参数设置为"实例"参数，如图 3.3.16 所示，当选择任意轮廓构件时，可以在"属性"面板中的"尺寸标注"栏目中修改此轮廓构件的角度。

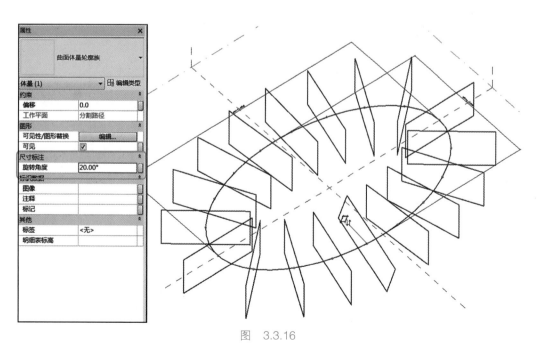

图　3.3.16

选择一个轮廓构件，并修改其旋转角度为"20°"，依次选择下一个轮廓构件，修改其旋转角度为"40°""60°""80°"等。以 20° 为基础，依次递增，直至 360°，如图 3.3.17 所示。

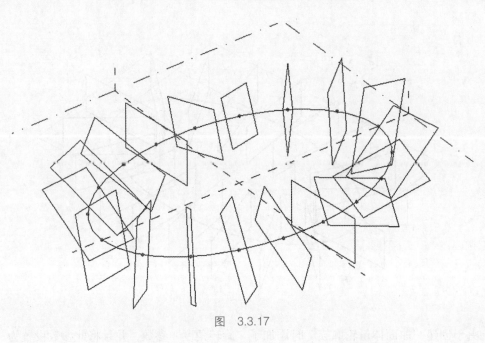

图　3.3.17

如图 3.3.18 所示，选择相邻的几个轮廓构件，在"形状"面板中找到"创建形状"下拉列表中的"实心形状"工具按钮，单击此按钮即可生成部分体量。

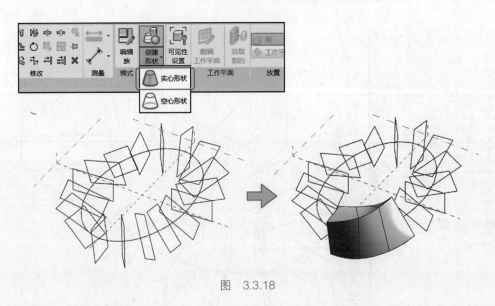

图　3.3.18

相邻 3~4 个轮廓构件为一组，生成体量，依次将所有轮廓构件选中，并生成体量，即可得到如图 3.3.19 所示的曲面体量。

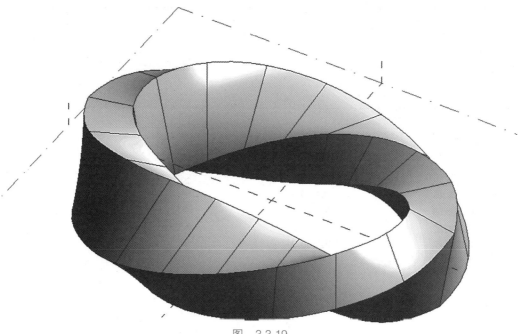

图　3.3.19

类型属性

族(F):	曲面体量轮廓族	▼	载入(L)...
类型(T):	曲面体量轮廓族	▼	复制(D)...
			重命名(R)...

类型参数

参数	值
约束	
默认高程	1219.2
尺寸标注	
轮廓宽度	12000.0
轮廓长度	22000.0
标识数据	
类型图像	
注释记号	
型号	
制造商	
类型注释	
URL	
说明	
部件代码	
成本	
部件说明	

<< 预览(P)　　　确定　　　取消　　　应用

项目浏览器 - 曲面体量

- 视图 (全部)
  - 楼层平面
    - 标高 1
  - 三维视图
  - 立面 (立面 1)
  - 图纸 (全部)
- 族
  - 体量
    - 曲面体量轮廓族
      - 曲面体量轮廓族

  复制(L)
  删除(D)
  复制到剪贴板(C)
  重命名(R)...
  选择全部实例(A)　▶
  创建实例(I)
  匹配(T)
  类型属性(P)...
  搜索(S)...

图　3.3.20

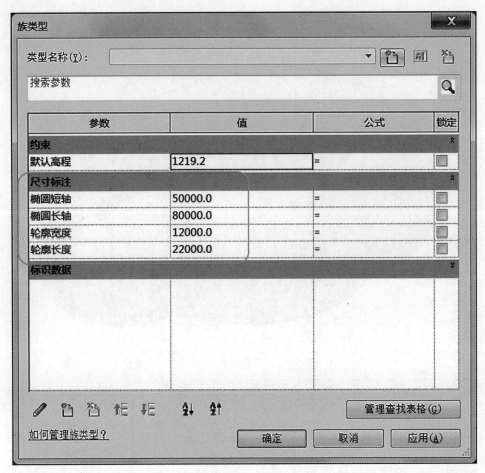

图　3.3.20（续）

如果需要修改轮廓尺寸，如图 3.3.20 所示，可以利用"项目浏览器"，在"族"下面的"体量"栏目中找到"曲面体量轮廓族"，右击"类型属性"按钮。在弹出的"类型属性"对话框中可以看到"轮廓宽度"和"轮廓长度"两个参数，修改其数值即可更改轮廓尺寸。

单击参数后面的"关联参数"按钮，可以将轮廓构件参数关联至曲面体量族当中。

完成后保存该族文件。请在"实训项目 \ 模块 3　Revit 概念体量模型创建 \ 源文件 \3.3 曲面体量 \ 成果模型 \ 曲面体量 .rfa"族文件中查看最终结果。

3.3.4　任务评价

本任务强调课程考核与评价的整体性，采用过程性考核与结果性考核相结合的方式，按照学生自评、学生互评和教师评阅相结合的原则，从出勤率、训练表现、训练内容质量及成果、问题答辩四方面进行综合考核。最终任务成果的评分标准如表 3.3.2 所示。

表 3.3.2　评分标准

班级＿＿＿＿＿＿　　　　　任课教师＿＿＿＿＿＿　　　　　日期＿＿＿＿＿＿

序号	学生姓名	考核方式	评价内涵及能力要求				评分	权重	成绩
			出勤率	训练表现	训练内容质量及成果	问题答辩			
			只扣分不加分	20 分	60 分	20 分			
			1. 迟到一次扣 2 分，旷课一次扣 5 分 2. 缺课 1/3 学时以上，该专项能力不记分	1. 学习态度端正（10 分） 2. 积极思考问题、动手能力强（10 分）	1. 正确使用软件完成任务书要求（30 分） 2. 模型成果符合制图标准（30 分）	1. 解决实际存在的问题（10 分） 2. 结合实践、灵活运用（10 分）			
		学生自评						30%	
		学生互评						30%	
		教师评阅						40%	

实训任务 3.4　体量表皮有理化

3.4.1　任务目的

知识要求：在使用 Revit 2018 创建体量模型时，遇到需要对体量的表面进行处理的情况，一般可以通过 UV 网格等表面分割工具，将体量表面划分成多个均匀的几何方格，并利用图案或嵌板族进行镶嵌，完成体量表皮的有理化过程。这种情况多发生于曲面形式的建筑幕墙创建。通过本次任务的学习，学生能够掌握处理体量表皮的能力。

思政目的：通过体量表皮有理化的学习，利用 U 网格和 V 网格的细节控制来进行表皮分割，创造不同纹理，引导学生认知处理任何事情都必须具体问题具体分析，既不好高骛远，也不因循守旧，一切从实际出发，培养学生实事求是的科学精神。

3.4.2　任务要求

根据要求分割案例文件的体量表面，并为其填充规定图案，达到如表 3.4.1 和图 3.4.1 所示的建筑外观效果及参数设置要求。

表 3.4.1　建筑参数设置

序号	参数名称	参数类型	参数分组方式
1	幕墙框材质	类型参数	材质和装饰
2	面板材质	类型参数	
3	幕墙框半径	类型参数	尺寸标注

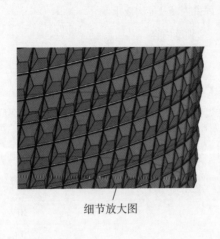

细节放大图

图 3.4.1

3.4.3 任务操作方法与步骤

1. 分割体量模型表面

如图 3.4.2 所示，打开"实训项目\模块 3　Revit 概念体量模型创建\源文件\3.4　体量表皮有理化\案例文件\体量表皮案例文件族 .rfa"。

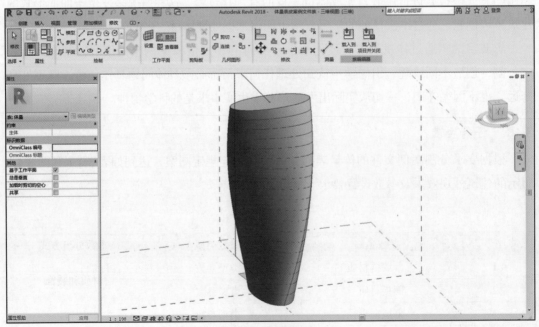

图 3.4.2

利用 Tab 键选择需要有理化的体量表面，如图 3.4.3 所示，Revit 2018 将自动切换至"修改│形式"上下文选项卡，在"分割"面板中单击"分割表面"工具按钮，对之前所选表面通过 UV 网格的方式进行分割。

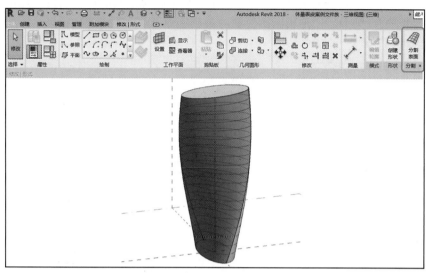

图 3.4.3

如图 3.4.4 所示，Revit 2018 在默认的情况下，自动将体量表面分割成 U 网格和 V 网格两个垂直交叉的网格系统。从"选项栏"图标 ☰ U网格 和 ⦀ V网格 可以看出，U 网格表示 X 方向，也就是横向网格；V 网格表示 Y 方向，也就是纵向网格；UV 网格可以通过"编号"和"距离"两种形式来控制网格的分割排列情况。

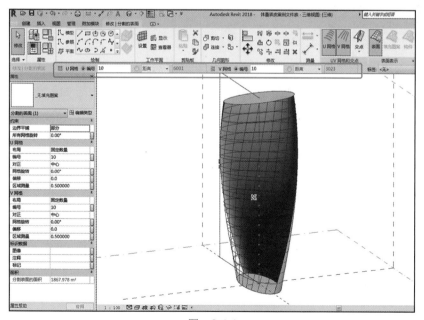

图 3.4.4

在"选项栏"中选择"编号"，即可激活选用此种方式排布网格。Revit 2018 默认的"编号"数量为"10"，表示网格等间距地将所选的体量表面分割成 10 份（U 网格和 V 网格是分别设置，编号数量可不相同）。等分数量可根据需要修改成合适的数值。

如图 3.4.5 所示，在"选项栏"中选择"距离"，则可换成此种方式排布网格，在"距离"下拉列表中有"距离""最大距离"和"最小距离"3 种距离选项。

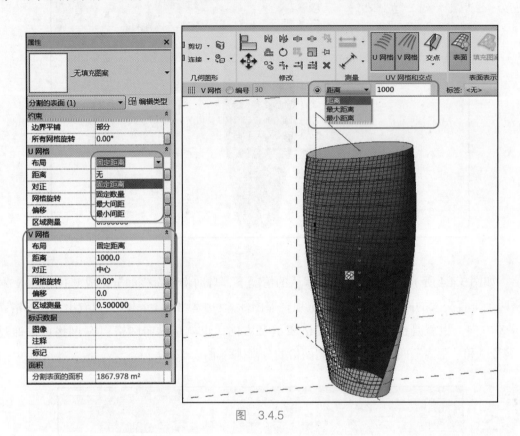

图　3.4.5

在此任务中选择"距离"方式，在后面的距离数值中输入"1000"，表示网格是以固定距离 1000mm 为间隔，将体量表面分割为若干份（U 网格和 V 网格是分别设置，间隔数值可不相同）。如果受总长度限制，第一格和最后一格少于 1000mm，也会自成一格。

同时，在"属性"面板中也可以设置体量表皮的网格排布方式，在"布局"命令后面的下拉列表中有"固定距离""固定数量""最大间距"和"最小间距"4 种排布方式，可以根据需要选择一种。选择好布局方式之后，可以在"属性"面板中设置排布的数量或者距离数值、网格的对正方式、网格的旋转角度和偏移量等参数，从而更好地完善 UV 网格的布局。

注意

　　从前面设置网格分割排布情况可以看出，UV 网格的设置是彼此独立的。在体量表皮分割设置的初始阶段，软件是默认同时开启了 UV 网格的，但是可以根据任务的需要分别控制 U 网格和 V 网格的开启和关闭。

　　如图 3.4.6 所示，通过单击 "UV 网格和交点" 面板中的 "U 网格" 和 "V 网格" 工具按钮，可以分别控制体量表皮的网格显示。图 3.4.6（a）是单独开启 U 网格的显示情况，图 3.4.6（b）是单独开启 V 网格的显示情况，图 3.4.6（c）是同时开启 UV 网格的显示情况。单击 "表面表示" 面板中的 "表面" 工具按钮，可以控制体量表皮被 UV 网格分割后的最终显示与否。

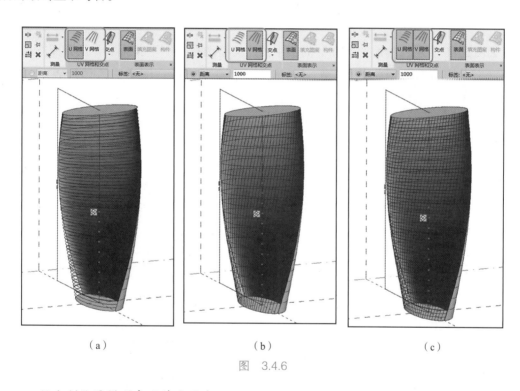

　　　（a）　　　　　　　　　　（b）　　　　　　　　　　（c）

图　3.4.6

2. 给分割体量模型表面填充图案

　　完成体量表面分割之后，为了使其达到更理想的效果，可以给体量模型表面添加填充图案。添加方式有两种：自动填充图案和利用自适应族填充图案。此次任务根据要求是选择利用自适应族填充图案的方式完成表面图案填充。

　　1）自动填充图案

　　接着之前完成分割的案例文件体量模型，利用 Tab 键选择 UV 网格分割的体量表面，可以在 "属性" 面板的 "类型选择器" 中看到，软件默认选择的是 "_ 无填充图案" 类型，如图 3.4.7 所示。

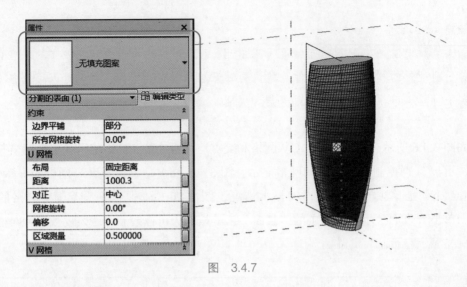

图 3.4.7

如图 3.4.8 所示，单击"属性"面板中的"类型选择器"下拉列表，展开图案列表，选择"三角形棋盘（弯曲）"类型，Revit 2018 会自动将所选图案嵌入体量表面的 UV 网格中。

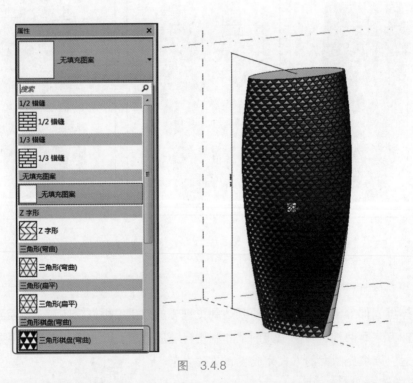

图 3.4.8

完成自动填充图案选择之后，可以继续在"属性"面板中设置填充图案相关的参数。如图 3.4.9 所示，在"边界平铺"参数中分别有"空""部分"和"悬挑"三种填充图案与边界的相交方式，可根据需要选择合适的边界相交方式。

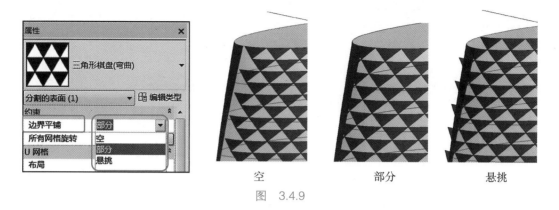

图　3.4.9

可以在"修改｜分割的表面"上下文选项卡的"表面表示"面板中设置填充图案的颜色、材质及截面等参数。如图 3.4.10 所示，单击"表面表示"面板右下角的箭头，Revit 2018 将会自动弹出"表面表示"对话框（在这里可以勾选设置表面、填充图案、构件的显示与否）；单击"图案填充"后面的"浏览" ⬚ 按钮，弹出"材质浏览器"对话框；可以根据需要设置填充图案的材质参数。

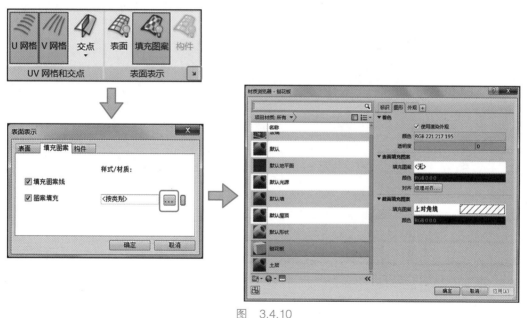

图　3.4.10

2）利用自适应族填充图案

利用自适应族填充体量表面图案，首先需要创建基于公制幕墙嵌板填充图案的构件族。

如图 3.4.11 所示，单击界面左上角的"文件"选项卡，在应用程序菜单中选择"新建"下拉列表后面的"族"类型，在弹出的"新族 - 选择样板文件"对话框中选择"基于公制幕墙嵌板填充图案"类型族样板。单击"打开"按钮，即可开始创建嵌板族。

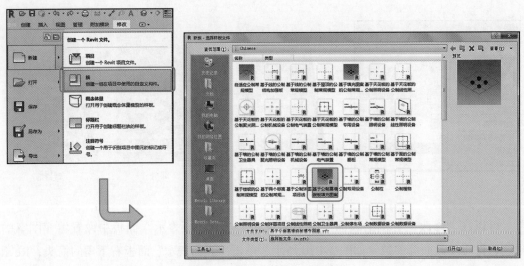

图　3.4.11

族样板文件给出的默认单元嵌板网格是"矩形网格"，可根据需要在"属性"面板的"类型选择器"下拉列表中选择合适的单元网格类型，如图 3.4.12 所示。此次任务选择默认的"矩形网格"，在"属性"面板中修改"水平间距"和"垂直间距"均为"1000mm"。

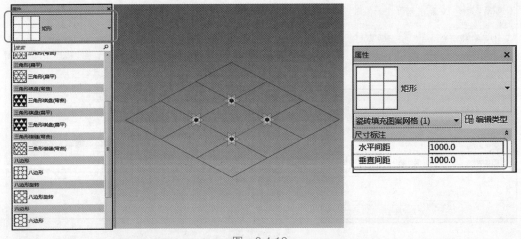

图　3.4.12

如图 3.4.13 所示，在"绘制"面板中选择"参照"中的"直线"绘制方式，连接已有两平行参照线的中点。将新绘制的参照线"分割路径"为 5 段，并在中间设置两个"参照点图元"，将它们垂直向上移动一定距离。

设置好参照点后，如图 3.4.14 所示，在"绘制"面板中选择"模型"中的"直线"绘制方式，确定是在面上绘制，并在"选项栏"中勾选"三维捕捉"和"链"两个复选框。如图 3.4.14 所示要求，利用模型线连接新设置的两个参照点和原有的四个参照点。

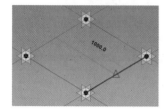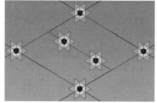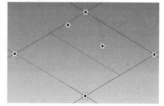

图　3.4.13

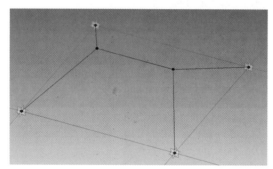

图　3.4.14

接下来进行幕墙框架设置，如图 3.4.15 所示，在"绘制"面板中选择"模型"中的"圆形"绘制方式，确定是在工作平面上绘制，单击"工作平面"面板中的"设置"按钮。

利用 Tab 键选择，设置原有参照点垂直方向参照平面为工作平面，以参照点为圆心绘制圆形，并给圆形添加半径尺寸标注。

单击选择新添加的半径尺寸标注，如图 3.4.16 所示，在"标签尺寸标注"面板中选择"创建参数"命令，Revit 2018 将会自动弹出"参数属性"对话框。设置参数名称为"幕墙框半径"，并设置其为"类型"参数，单击"确定"按钮，完成参数的创建。

完成创建的参数可以在"属性"面板中利用"族类型"命令在弹出的"族类型"对话框中找到对应的参数，实时调整参数数值，从而让所创建的模型可以根据不同的具体情况而做相应的调整。

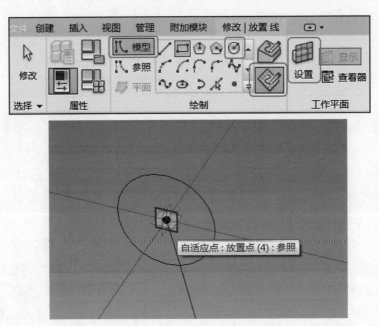

图　3.4.15

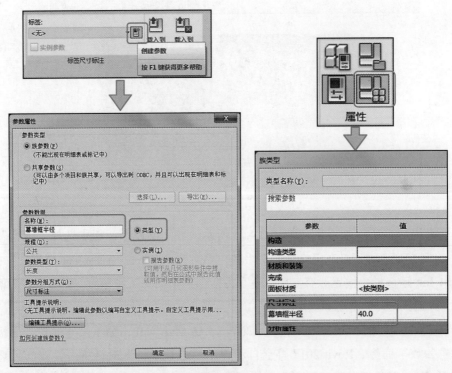

图　3.4.16

　　如图 3.4.17 所示，选择创建好的模型线圆形以及四条参照线，单击"形状"面板中的"创建形状"工具按钮，选择"实心形状"类型，完成幕墙框模型的创建。

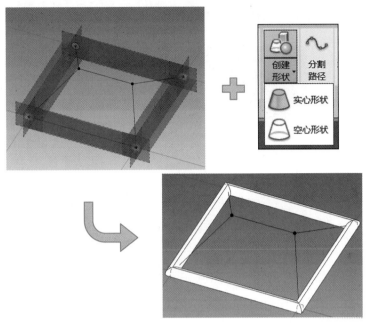

图   3.4.17

　　为了方便后面模型的创建，可以将刚创建好的幕墙框进行隐藏，如图 3.4.18 所示，选择首尾相连的 4 条线，单击"形状"面板中的"创建形状"工具按钮，选择"实心形状"类型，在弹出的两种形状类型中选择第一种类型，并且修改"属性"面板中的"正偏移"数值为"5"。

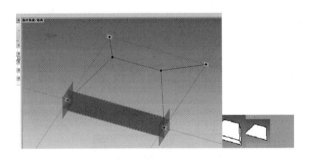

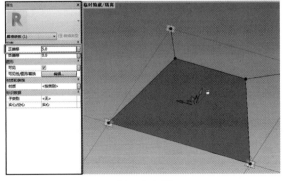

图   3.4.18

用同样的方法完成剩余 3 块面板的创建，如图 3.4.19 所示。

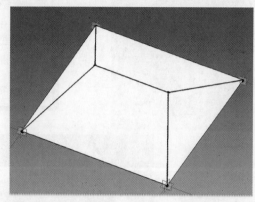

图　3.4.19

选择创建好的 4 块面板，如图 3.4.20 所示，在"属性"面板中单击"材质"下拉列表中的"关联族参数"按钮，Revit 2018 将会自动弹出"关联族参数"对话框。

单击对话框左下角的"新建参数"按钮，在弹出的"参数属性"对话框中设置参数名称为"面板材质"，确认为"类型"参数后，单击"确定"按钮，在弹出的对话框中再次单击"确定"按钮，完成面板材质的创建。

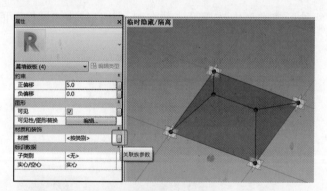

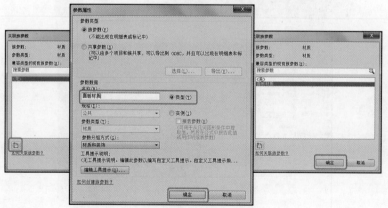

图　3.4.20

　　恢复隐藏的幕墙框模型，用同样的方法为幕墙框创建材质参数，如图 3.4.21 所示，完成基于公制幕墙嵌板填充图案族的创建。

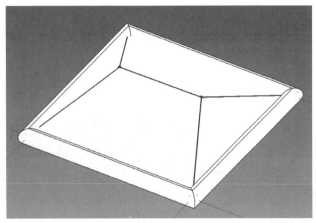

图　3.4.21

　　将制作好的"幕墙嵌板填充图案"构件族载入到完成 UV 网格分割的"体量表皮案例文件"中，形成新的体量表皮，如图 3.4.22 所示。

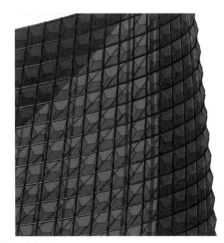

图　3.4.22

完成后保存该族文件。请在"实训项目\模块 3　Revit 概念体量模型创建\源文件\3.4 体量表皮有理化\成果模型\体量表皮案例文件 - 完成 .rfa"族文件中查看最终结果。

3.4.4　拓展习题

制作如图 3.4.23 所示的基于公制幕墙嵌板填充图案的构件族，并按表 3.4.2 要求设置好相应参数。

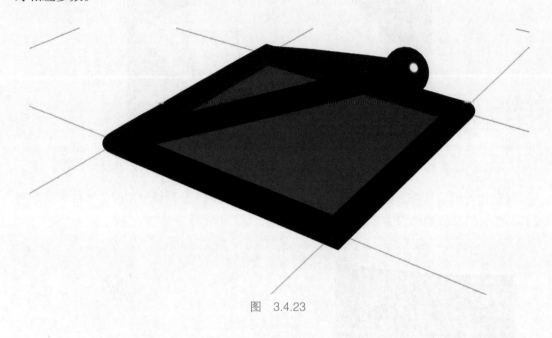

图　3.4.23

表 3.4.2　参数要求

序号	参数名称	参数类型	参数分组方式
1	幕墙框半径	类型参数	尺寸标注
2	球半径	类型参数	
3	幕墙框材质	类型参数	材质和装饰
4	球体材质	类型参数	
5	面板材质	类型参数	

3.4.5　任务评价

本任务强调课程考核与评价的整体性，采用过程性考核与结果性考核相结合的方式，按照学生自评、学生互评和教师评阅相结合的原则，从出勤率、训练表现、训练内容质量及成果、问题答辩四方面进行综合考核。最终任务成果的评分标准如表 3.4.3 所示。

表 3.4.3　评分标准

班级＿＿＿＿＿＿＿＿　　　　任课教师＿＿＿＿＿＿＿＿　　　　日期＿＿＿＿＿＿＿＿

序号	学生姓名	考核方式	评价内涵及能力要求				评分	权重	成绩
			出勤率	训练表现	训练内容质量及成果	问题答辩			
			只扣分不加分	20分	60分	20分			
			1. 迟到一次扣2分，旷课一次扣5分 2. 缺课1/3学时以上，该专项能力不记分	1. 学习态度端正（10分） 2. 积极思考问题、动手能力强（10分）	1. 正确使用软件完成任务书要求（30分） 2. 模型成果符合制图标准（30分）	1. 解决实际存在的问题（10分） 2. 结合实践、灵活运用（10分）			
		学生自评						30%	
		学生互评						30%	
		教师评阅						40%	

参 考 文 献

［1］何关培. BIM 总论［M］. 北京：中国建筑工业出版社，2011.

［2］何关培. 那个叫 BIM 的东西究竟是什么［M］. 北京：中国建筑工业出版社，2012.

［3］刘广文，牟培超. BIM 应用基础［M］. 上海：同济大学出版社，2013.

［4］黄亚斌. REVIT 应用常见问题速查手册［M］. 北京：中国水利水电出版社，2016.

［5］卫涛，李容，刘依莲. 基于 BIM 的 Revit 建筑与结构设计案例实战［M］. 北京：清华大学出版社，2017.